短视频拍摄
核心技法

陈红　编著

人民邮电出版社
北　京

图书在版编目（CIP）数据

短视频拍摄核心技法 / 陈红编著. -- 北京 ：人民
邮电出版社，2025. -- ISBN 978-7-115-65953-8

Ⅰ. TB8；TN948.4

中国国家版本馆 CIP 数据核字第 2024CJ2042 号

内 容 提 要

在数码摄影高度普及、拍摄器材性能迭代的当下，人人皆可轻松开始进行短视频拍摄，但要创作出吸睛佳作，仍需学习专业知识与技法。本书作为由浅入深的短视频创作进阶指南，从视频基础知识切入，系统介绍拍摄器材的操作技巧，深度解析手机拍摄参数设置、景别设计、构图、用光、色彩等核心创作技法，细致讲解运动镜头、镜头组接、分镜头脚本、故事画板等进阶创作技巧。

本书内容层层递进，兼具理论深度与实操价值，无论是怀揣创作热情的摄影"小白"，还是渴望提升作品质感、吸引更多粉丝的"up主"/博主，都能从本书中汲取养分，快速成长为优质短视频创作者，解锁流量密码。

◆ 编　著　陈　红
　　责任编辑　胡　岩
　　责任印制　周昇亮

◆ 人民邮电出版社出版发行　北京市丰台区成寿寺路 11 号
　　邮编　100164　电子邮件　315@ptpress.com.cn
　　网址　https://www.ptpress.com.cn
　　北京九天鸿程印刷有限责任公司印刷

◆ 开本：880×1230　1/32
　　印张：6.75　　　　　　　　2025 年 8 月第 1 版
　　字数：208 千字　　　　　　2025 年 8 月北京第 1 次印刷

定价：59.80 元

读者服务热线：(010) 81055296　印装质量热线：(010) 81055316
反盗版热线：(010) 81055315

前言

在这个人人都能成为创作者的社交媒体时代，短视频如同数字浪潮中的璀璨星火，以其鲜活生动的形式，迅速席卷了大众的娱乐与生活。无论是记录日常美好瞬间，还是分享创意与知识，短视频都展现出强大的传播力与影响力。然而，想要拍摄出令人眼前一亮的短视频作品，绝非简单拿起设备随意按下快门就能实现，扎实的基础知识储备是通往专业创作的必经之路。

本书精心构建了一套系统且实用的短视频拍摄知识体系，从拍摄的基本概念与常识出发，深入讲解拍摄器材及其使用技巧，同时，对构图、用光、色彩等视觉艺术元素的理论知识进行剖析，并细致阐述视频镜头、镜头组接的专业知识，以及分镜头脚本设计和故事画板的创作技巧。本书内容紧密贴合实际拍摄需求，每一个知识点都经过精心打磨，以一页一个知识点的创新量化教学设计呈现，让学习过程更加高效，助力读者快速掌握短视频拍摄核心技能。

无论你是怀揣创作梦想、刚刚踏入短视频领域的新手，还是希望突破创作瓶颈、寻求进阶的专业人士，本书都将成为你可靠的创作伙伴，为你提供实用的技巧与灵感，助你向着专业、高水平的短视频创作之路稳步迈进。

目录

第 3 章　要拍好短视频，先练好基本技术 051

第 4 章　手机拍摄短视频的设置与操作 ………… 085

第 1 章

视频的基础知识：
理解概念与常识

本章将介绍视频（短视频）的基本概念与常识，这些基础知识会对后续的短视频剪辑有很大的帮助。

认识视听语言

简单来说，视听语言就是利用视听组合的方式向受众传播某种信息的一种感性语言。

视听语言主要包括三个部分：影像、声音和剪辑。这三者关系也很明确，将影像、声音通过剪辑即可构成一部完整的视频作品。

视觉元素主要由画面的景别大小、色彩效果、明暗影调和线条空间等形象元素构成；听觉元素主要由画外音、环境音响、主题音乐等音响效果构成。两者只有高度协调、有机配合，才能展示出真实、自然的时空结构，才能产生立体、完整的感官效果，才能真正创作出好的短视频作品。

从下面的短视频截图中，可以看到影像的变化。从截图右下角可以看到音频的标识。

帧的概念与帧频的设定

　　这里先明确基本原理，即视频是连续的静态图像序列，视频流畅呈现的基础是人眼的视觉暂留特性——当每秒显示 24 帧（即 24fps）以上的静态图像时，人眼会将其视为连续运动画面，而非独立帧。这里的"fps"代表帧率，指每秒显示的帧数。

　　24fps 是影视叙事的最低帧率标准，而若要减少动态模糊、提升画面流畅度，通常需 50fps 以上的帧率。当前高端摄像设备已支持 60fps、120fps 等超高帧率模式。

　　如下图所示：左侧为 24fps 视频的画面截图，因帧率较低可见运动模糊；右图为 60fps 视频截图，画面细节更清晰，动态过渡更顺滑。

认识视频扫描方式

在视频性能参数当中，i 与 P 代表的是视频的扫描方式。其中，i 是 Interlaced 的首字母，表示隔行扫描；P 是 Progressive 的首字母，表示逐行扫描。广播电视行业采用的是隔行扫描，而计算机显示、图形处理和数字电影采用的是逐行扫描。

虽然构成影像的最基本单位是像素，但在传输时并不以像素为单位，而是将像素串成一条条的水平线进行传输，这便是视频信号传输的扫描方式。1080 就表示将画面自上而下分为 1080 条由像素构成的线。

逐行扫描是指同时将 1080 条扫描线进行传输。隔行扫描是指把一帧画面分成两组，一组是奇数扫描线，另一组是偶数扫描线，分别传输。

相同帧频条件下，逐行扫描的视频信号，画质更高，传输视频信号需要的信道更宽，因此，在视频画质下降不是太大的前提下，采用隔行扫描的方式，一次传输一半的画面信息，这会降低视频传输的速度。与逐行扫描相比，隔行扫描节省了传输带宽，但也带来了一些负面影响。由于一帧是由两场交错构成的，所以隔行扫描的垂直清晰度比逐行扫描低一些。

常见的视频分辨率

　　分辨率，也常被称为图像或视频的尺寸和大小。它表示的是图像或视频中包含的像素的数量。分辨率直接影响图像或视频大小，分辨率越高，图像或视频的细节越丰富，画面越清晰；分辨率越低，图像或视频的细节越少，画面越模糊。

　　常见的分辨率有如下几种。

　　4K（超高清）：4096 像素 ×2160 像素。

　　2K（超高清）：2048 像素 ×1080 像素。

　　1080P（全高清）：1920 像素 ×1080 像素（1080i 是经过压缩的）。

　　720P（高清）：1280 像素 ×720 像素。

什么是码率

码率（英文全称为 Bits Per Second），是指视频文件在单位时间内使用的数据流量，也叫码流、码流率、比特率。码率是视频编码中画面质量控制的核心参数，通常用"bit/s 或 bps"（比特每秒）作为量度单位，常用的单位还有 Kbps（千比特每秒）和 Mbps（兆比特每秒）。

一般来说，在同样分辨率下，视频文件的码率越大，压缩比就越小，画面质量就越高。同时，码率越大，文件体积也越大，其计算公式如下：文件体积（Byte）=时间（s）×码率（bps）÷8。例如，一个 60 分钟、码率为 1Mbps 的 720P 视频文件，其体积大约为：3600s×1Mbps÷8=450MB（注：1Byte=8bit；Mb 代表兆比特；MB 代表兆字节）。

静态比特率（CBR）：代表固定比特率，意味着编码器和解码器每秒的输出码数据量（或者输入码率）是固定的。

动态比特率（VBR）：代表可变比特率，编码器和解码器可以根据数据量的大小自动调节带宽。

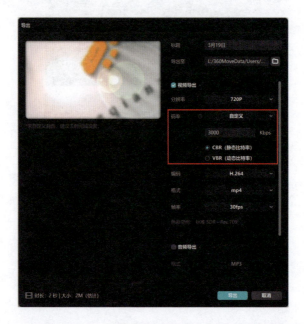

三种重要的视频格式

视频格式是指视频保存的一种格式，用于把视频和音频放在一个文件中，以便同时播放。常见的视频格式有 MP4、AVI、MOV 等。

这些不同的视频格式，有些适合于网络播放及传输，有些更适合于在本地设备当中以某些特定的播放器进行播放。

1. MP4

MP4 的全称是 MPEG-4，是一种多媒体计算机档案格式，文件扩展名为 .mp4。许多电影、电视视频格式都是 MP4 格式，其特点是压缩效率高，能够以较小的体积呈现出较高的画质。

2. MOV

MOV 是由 Apple 公司开发的一种音频、视频文件格式，也就是平时所说的 QuickTime 影片格式，常用于存储音频、视频等多媒体数据。MOV 的优点是影片质量出色、不压缩、数据流通快、适合视频剪辑制作，缺点则是文件较大。网络上一般不使用 MOV 及 AVI 等体积较大的格式，而是使用体积更小、传输速度更快的 MP4 等格式。

3. AVI

AVI 是由微软公司在 1992 年发布的视频格式。AVI 是 Audio Video Interleaved 的缩写，意为音频视频交错，是早期主流视频格式之一。

虽然 AVI 格式调用方便、图像质量好，但体积往往比较庞大，并且兼容性一般，有些播放器无法播放。

视频编码格式

　　视频编码格式是指一种用于对视频数据进行压缩、编码处理，使其能以更高效的方式存储、传播和播放的规则与标准。

　　压缩视频体积通常会导致数据的损失。如何能在最小数据损失的前提下尽量压缩视频体积，是视频编码的第一个研究方向；通过特定的编码方式，将一种视频格式转换为另外一种格式，如将 AVI 格式转换为 MP4 格式等，是视频编码的第二个研究方向。

　　对视频进行编码的主要目的是减少视频数据的大小，以便更高效地存储和传输。这要通过去除视频数据中的冗余信息、降低画质或降低帧率等方式实现。同时，视频编码格式也需要考虑视频的解码效率和播放质量，以确保压缩后的视频数据能够保持良好的观看体验。

　　注意，视频编码格式和视频文件格式并不相同。例如，H.264 是一种视频编解码标准，而 MP4 则是一种视频格式。H.264 是 MP4 最常用的视频编解码器，此外，MP4 格式还可以使用 MPEG-4、H.263 等编解码器。

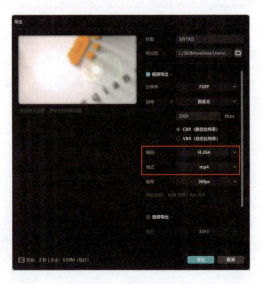

提示： 对于相同的视频格式，其封装的视频和音频编码格式可能会有所不同，因此，可能会出现相同扩展名的视频文件有的可以播放有的却无法播放的情况。

什么是视频流

视频流从技术层面大致可以分为两种，即经过压缩的视频流和未经压缩的视频流。经过压缩的视频流称为"编码流"，目前以 H.264 为主，因此也称为"H.264 码流"。未经压缩处理且经过解码后的流数据，也被称为"原始流""YUV 流"。

从"H.264 码流"到"YUV 流"的过程称为解码，反之称为编码。

例如，当用户在网上观看视频时，视频数据会以流的形式从服务器传输到你的设备，这个流就是视频流。由于视频流技术的使用，用户无需等待视频文件完全下载即可开始观看，实现"边下边播"的流畅体验。同时，视频流也可以被压缩，以减少传输所需的时间和带宽，这就是编码流的应用。视频在设备上播放时，会被解码为原始流，也就是 YUV 流，以适配设备的显示需求。

视频流技术使得用户可以更流畅、更高效地观看网络视频，能够极大地提升用户体验。

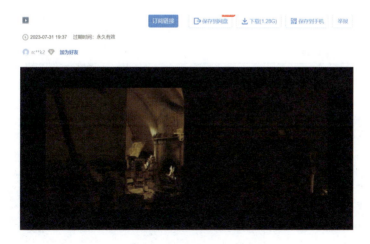

Rec.709视频，"所见即所得"的视频

Rec.709 色域标准是高清电视（HDTV）的国际标准，被各大电视台在拍摄、采集、解码、制作、传输及播放 HDTV 节目时广泛采用，这些环节都是基于 Rec.709 色域空间的标准进行的。因此，Rec.709 可以作为高清电视节目的色彩标准。

此外，相机和手机在默认设置下拍摄的视频所遵循的色域标准通常是 Rec.709。平时我们观看符合 Rec.709 色域标准的高清节目时，节目显示的色彩范围，就是基于 Rec.709 色域标准的。这种标准的特点是"所见即所得"，在摄像机屏幕上显示成什么颜色，最后成片就是什么颜色。

Rec.709 是目前应用最广泛的高清电视标准之一，也是家用投影机使用的最常见的色彩标准之一。对于大多数人的日常需求，Rec.709 的色彩表现已经足够。

Rec.709 标准也存在一些缺点，如色彩范围较窄，这意味着它可能无法准确表示一些特定的、饱和度较高的颜色。另外，随着 HDR 技术的普及，用户对更高质量视频的需求也在增加。Rec.709 标准在支持 HDR 方面存在局限性，无法充分展示 HDR 内容中的丰富色彩和细节。

Log视频，宽广的动态范围

Log（Logarithmic）视频基于对数色彩空间编码，将视频信号转换为对数曲线进行记录。Log 视频具有宽广的动态范围和丰富的色彩信息，可以在后期进行较大的色彩调整和细节增强。这种格式常用于电影制作和高端电视节目制作，以获得更接近人眼视觉感知的色彩和亮度表现。

（1）为了记录和显示宽广的动态范围和丰富的色彩信息，Log 视频对拍摄设备和显示设备的性能要求较高。

（2）Log 视频的色彩需要后期处理进行还原：由于 Log 视频的色彩空间较宽广，直出的视频色彩往往看起来较为平淡，需要通过后期处理进行色彩还原和调整。

（3）由于记录的信息量较大，Log 视频的文件体积通常比常规视频格式要大，对存储和传输带宽的要求也较高。

（4）有些 Log 视频的位深度可能为 10bit，其色彩信息数据量远超常规 8bit 视频，即便封装为常见的 MP4 格式，很多播放器也可能无法正常播放。

RAW视频，记录最完整的原始信息

　　视频是由一帧帧画面连续播放构成的，通常每帧的画面是一张 JPEG 图片。因为 JPEG 图片是经过压缩的，所以，最终构成的视频信息也会丢失很多。RAW 视频是指未经过压缩、调色等任何加工的原始视频素材，就相当于每帧画面都是一个 RAW 格式文件。这为后期编辑视频留下了巨大的空间。由于 RAW 视频没有经过压缩处理，所以文件大小相对较大，需要更多的存储空间。一般情况下，RAW 视频更适合专业的视频制作和后期处理。

　　整体来看，RAW 视频是一种高质量的视频格式，适用于专业制作和高端应用。RAW 视频提供了更大的色彩和细节表现、更大的动态范围，以及更大的灵活性和创意空间。然而，由于 RAW 视频文件体积较大、对硬件设备要求较高、需要专业的后期处理等因素，给用户也带来了一些挑战和额外的处理需求。

　　除少数追求极致风光影像的用户外，大部分短视频创作者没必要拍摄 RAW 视频。

视频制作团队

下面根据专业电影或微电影制作团队的分工，介绍短视频制作团队成员的分工及职责。当然，除这些分工外，还有场务、后勤等很多岗位，这里就不再过多赘述。

虽然对于大多数 Vlog 和入门级短视频创作，拍摄、剪辑可能均由创作者一人完成，不会涉及复杂的视频制作团队，但了解专业电影或微电影制作团队的构成，有助于我们加深对短视频创作的理解。

（1）监制：维护监控剧本原貌和风格。

（2）制片人：搭建并管理整个影片制作组。

（3）编剧：完成电影剧本，协助导演完成分镜头剧本。

（4）导演：负责作品的人物构思、决定演员人选、演绎完成影片等。

（5）副导演：协助导演处理事务 。

（6）演员或主持人：根据导演及剧本的要求，完成角色的表演。

（7）摄影摄像：根据导演的要求完成现场拍摄。

（8）灯光：按照导演和摄影的要求布置现场灯光效果。

（9）场记场务：负责现场记录和维护片场秩序， 提供物品、后勤服务等。

（10）录音：根据导演的要求完成现场录音。

（11）美术布景：负责布置剧本和导演要求的道具、场景布置。

（12）化妆造型：按照导演的要求给演员化妆造型、设计服装。

（13）音乐作曲：为影片编配合适的配乐和歌曲。

（14）剪辑后期：根据导演和摄影的要求，对影片进行剪辑，以及制作片头、片尾等。

第 2 章

短视频的拍摄器材

本章介绍短视频制作需要用到的拍摄器材。准备拍摄器材时一定要谨慎，要清楚自己的预算，而不是看到什么好就去购买什么，因为在拍摄不同题材的时候，使用的器材是不一样的。

摄像机拍短视频的优缺点

常规的短视频拍摄很少会使用到专业的摄像机，但一些对视频品质要求较高的企业、机构可能会要求使用专业摄像机来拍摄。下面介绍摄像机在拍摄短视频时的一些优缺点。

优点：（1）专业的摄像机会配备手动对焦、曝光控制等专业功能，让摄影师更好地控制拍摄效果；（2）专业的摄像机通常拥有高分辨率和优质画质，能捕捉更多细节，呈现清晰、生动的画面；（3）专业的摄像机适应各种光线和拍摄环境，无论是明亮的阳光还是昏暗的室内，都能拍摄出令人满意的效果。

缺点：（1）摄像机比手机或其他设备更大、更重，携带和运输不便，尤其在需要频繁移动或拍摄时；（2）摄像机功能多，操作可能更复杂，对于无专业摄影经验的人，可能需要更多时间来熟悉和掌握；（3）摄像机通常比手机或其他设备更贵，预算有限的用户可能难以承受。

单反相机拍短视频的优缺点

下面介绍用数码单反相机拍摄短视频的优缺点。

优点：（1）单反相机的大传感器和优质镜头让其在画质和细节上超越普通手机或摄像机；（2）单反相机可手动控制光圈、快门速度、感光度（ISO）等拍摄参数，让拍摄者能更精细地调整拍摄效果；（3）单反相机有丰富多样的镜头选择，适应各种拍摄需求；（4）单反相机支持外接设备，如麦克风和灯光，可提高视频质量和创作自由度。

缺点：（1）单反相机的操作较复杂，需要用户花更多时间来熟悉；（2）单反相机体积大、较重，不利于长时间手持拍摄，携带多个镜头和配件，也增加出行负担；（3）单反相机通常价格较高，对预算有限的拍摄者来说可能负担较重。

无反相机拍短视频的优缺点

无反相机在拍摄短视频方面有其独特的优缺点。

优点：（1）无反相机通常比单反相机更轻便，体积更小，更便于携带；（2）无反相机通常具有优秀的画质表现，拍摄出的短视频在细节和色彩表现上更加出色；（3）无反相机配备了高速自动对焦系统，可以快速准确地捕捉移动的目标；（4）无反相机的镜头系统通常非常丰富，涵盖了从广角到长焦的各种焦距。

缺点：（1）无反相机的电池续航时间通常较短，需要频繁更换电池或携带备用电池；（2）由于无反相机通常比单反相机更轻便，所以在拍摄时可能更容易受到外部震动或晃动的影响。

无人机拍短视频的优缺点

下面介绍用无人机拍摄短视频的优缺点。

优点：无人机可以从空中拍摄，获得独特的视角和画面，给观众带来全新的视觉体验。无人机可以轻松地飞到各种高度和角度，拍摄到一些传统摄影设备难以捕捉到的场景，如高空俯瞰、跟随移动等。无人机适用于各种场景，如城市风光、自然景观、建筑拍摄等，可以满足不同用户的需求。

缺点：操作无人机需要一定的技术和经验，对于初学者来说，可能需要花费一定的时间和精力来掌握。无人机的价格相对较高，对于一些个人用户和小型企业来说，可能需要考虑成本问题。无人机的飞行受到天气和环境的影响，如遇大风、雾霾等天气可能会影响无人机的拍摄效果和安全。

运动相机拍短视频的优缺点

运动相机在拍摄短视频方面具有一些独特的优缺点。

优点：运动相机通常配备有防震和防抖技术，即使在运动或震动的环境下也能保持画面的稳定，使拍摄的视频更加流畅。运动相机通常具有比较小巧的体积和轻便的设计，可以轻松地安装在各种运动装备上，如头盔、自行车把手等，从而捕捉到独特的视角和画面，使短视频更具创意和个性。许多运动相机都具备防水功能，可以在水下拍摄，为短视频增加更多的元素和场景。

缺点：由于运动相机通常需要支持长时间的高强度拍摄，所以其电池容量相对较小，续航能力有限。运动相机通常具有较多的功能和设置选项，用户需要一定的学习和实践才能熟练掌握其操作方法。对于初学者来说，可能会遇到一些操作上的困难。

Pocket相机拍短视频的优缺点

Pocket 相机拍短视频的优缺点如下。

优点：Pocket 相机通常体积小巧，便于携带，非常适合在拍摄现场快速捕捉瞬间。Pocket 相机的操作通常比较简单，容易上手，即使没有专业的摄影技能也能快速掌握。Pocket 相机通常具有较好的防抖性能，能够在拍摄时减少画面抖动，保证画面的稳定性。

缺点：由于 Pocket 相机体积小巧，电池容量有限，因此续航能力通常较弱，需要频繁充电。Pocket 相机的对焦速度通常较慢，尤其在光线较暗或快速移动的场景下，容易出现对焦不准的情况。虽然 Pocket 相机具有较高的像素，但由于传感器大小有限，其画质通常无法与专业相机相比。

手机拍短视频的优缺点

下面介绍手机在短视频拍摄中的优缺点。

优点：手机是用户日常生活必备的通信工具，通常会随身携带，因此用它拍摄短视频非常方便，无须额外携带设备。现在的智能手机通常都配备了高质量的摄像头和易于使用的拍摄软件，使得拍摄和编辑短视频变得非常简单。手机拍摄完短视频后，可以立即通过社交媒体或其他应用进行分享，方便快捷。相对于专业的摄像设备，手机的成本也比较低，几乎每个人都有能力购买。

缺点：虽然手机摄像头的质量不断提高，但与专业摄像机相比，其画质仍然有限，尤其在低光环境下。由于手机体积小巧，拍摄时可能会遇到稳定性问题，导致画面抖动，影响观看体验。手机内置麦克风的音频质量可能不够理想，特别是在嘈杂的环境下。

总的来看，手机拍视频具有便携、易操作、即时分享、成本低等优点，但同时也存在画质、稳定性、音频质量、软件功能等方面的限制。对于一般用户来说，手机拍摄短视频已经足够满足日常需求，但如果需要高质量的短视频，可能需要考虑使用专业的摄像设备。

三脚架，必不可少的附件

在拍摄一些固定镜头或拍摄者自己出镜的短视频时，一个稳定的三脚架是必不可少的。借助三脚架将拍摄器材固定，可以提供更稳定的拍摄，让视频画面更清晰、稳定和平滑，而且不必找他人帮忙就可以拍摄自己出镜的短视频。

滑轨，提供丝滑的运镜效果

影视滑轨是一种摄影器材，通常用于在拍摄视频或电影时，为摄像机提供一个平稳、可控制的移动路径。它可以帮助摄影师创造出更流畅、更专业的镜头效果，增强影片的视觉冲击力。

影视滑轨的种类包括手动滑轨和电动滑轨。手动滑轨需要摄影师手动操作，控制摄像机的移动速度和方向，而电动滑轨则内置电动机和控制系统，可以通过遥控器或手机 App 等方式进行远程控制，操作更加便捷。

此外，影视滑轨还可以配备不同的附件，如滑轨杆道、云台等，以满足不同的拍摄需求。例如，滑轨杆道可以提供更长的拍摄距离，云台则可以增强摄像机的稳定性和灵活性，帮助摄影师更好地捕捉精彩瞬间。

斯坦尼康，高端商业级短视频附件

　　斯坦尼康（Steadicam）也被称为摄影机稳定器，是一种轻便的电影摄影机机座，可以挂在身上，也可以手提使用。斯坦尼康的核心功能在于移动拍摄时能够为摄像机提供稳定的拍摄效果。摄像机的承重背心的胸架适合男女操作者使用，且胸架上的承座可以左右安装，以适应不同习惯的操作者。

　　当拍摄移动对象、需要长时间运镜拍摄，以及拍摄某些特定场景（如需要在高处、水下拍摄）时，使用斯坦尼康可以提供更好的画面稳定性和视觉效果。

　　当然，对于一些简单的商业短视频，例如产品展示、固定场景拍摄或简单的动画效果等，可能不需要使用斯坦尼康。在这些情况下，摄影师可以使用三脚架、滑轨等其他设备来保持画面的稳定性。

摇臂，高端商业级短视频附件

影视摇臂是一种专业的影视摄像设备，可以在拍摄过程中实现镜头的稳定移动和定位。它通常由一个长臂和一个安装在臂端的摄像机组成，能够通过手动或电动控制来实现各种拍摄角度和移动效果。

影视摇臂可以根据拍摄需要调整臂长和高度，从而实现对拍摄场景的全面覆盖。此外，影视摇臂还可以通过配备不同的附件来实现更多的拍摄效果，如云台、灯光、话筒等。

虽然影视摇臂是一种专业的影视拍摄设备，但在一些要求比较高的短视频拍摄中也可能会用到，如运动场景、人群场景等，借助影视摇臂能够带来震撼、流畅的视觉效果。需要注意的是，影视摇臂需要专业的操作人员来掌握，以确保拍摄效果的质量和安全性。另外，影视摇臂的价格和维护成本都比较高，一般适用于专业影视制作或大型活动的拍摄。在短视频制作领域，比较大型的商业短视频项目也可能会用到影视摇臂。

手机支架，拍固定镜头必备

　　使用手机拍摄固定镜头时，手持拍摄的效果可能不够稳定，需要防抖设备的辅助，这时可以使用之前介绍的三脚架辅助拍摄，也可以使用手机支架辅助拍摄。最常见的手机支架有桌面三脚架、八爪鱼三脚架等。

　　八爪鱼三脚架的脚管是柔性的，可以弯曲绑在一些栏杆等物体上，使用比较方便。相对于普通的金属或碳纤维桌面三脚架，八爪鱼三脚架的稳定性有所欠缺。

桌面三脚架

八爪鱼三脚架

快装板，容易被忽略的附件

专业三脚架具有更好的稳定性，但用起来比较烦琐。实际上，相机与三脚架之间需要快装板的连接；如果使用手机拍摄，那么手机与三脚架之间还需要快装板连接三脚架，然后用手机夹子夹住手机，安装在快装板上。

快装板

手机夹子

蓝牙遥控器，方便操作的小附件

为了能够从较远距离控制手机拍摄，我们可以为手机配一个简单的蓝牙遥控器，这样启动快门时不必触碰手机，按蓝牙上的快门按钮即可，这样能够进一步提升拍摄的稳定性，也会让拍摄更轻松、更简单。

稳定器，手持拍摄的利器

稳定器是指可以拿在手上并可以自行调节方向的设备，主要用于手持拍摄短视频，同时它还具有追踪功能。

如果没有稳定器而是手持器材拍摄视频，那么视频的抖动会有些严重，影响欣赏者的观看效果。使用稳定器可以让视频抖动得到很大幅度的优化，给人的视觉感受更舒服。

提示：Pocket 相机、Action 相机及部分高性能手机，即便不用稳定器也能拍出稳定性较好的视频；但对于一般的单反相机、无反相机等，要拍摄到稳定性足够好的视频，通常需要使用稳定器辅助拍摄。

可调节式摄影灯

可调节式摄影灯是摄影中最常见的一种灯具，主要用于补光。可调节式摄影灯并不是视频拍摄的专用灯具，但如果是拍摄一些短视频，或是在影棚内使用，可以考虑使用这种灯具。这种摄影灯比较专业，补光效果非常理想，可以调节冷光、暖光、柔光、散射光等。不同功能的摄影灯价格也不一样，大家可以根据自己的摄影需求去选择不同的摄影灯具。

直播灯，常用的短视频补光灯具

顾名思义，直播灯是专为网络直播设计的灯具，具有小巧便携、补光柔和均匀、操作简单、性价比高等特点。直播灯不仅适用于网络直播，也可用于短视频拍摄。通过合理补光，视频主播常用的直播灯可使人物皮肤显得更加白皙透亮；而对于用手机录制出镜短视频的自媒体用户，借助小型环形直播灯也可轻松完成拍摄，操作十分便捷。

其他灯具

除了之前介绍的可调节式摄影灯和直播灯，LED 灯、补光灯、手电筒、道具灯等都可以作为补光灯具使用，只要搭配合理，就能营造出很好的画面效果。如下图所示，这是我们在梨花林中拍摄短视频时借助各种灯具搭建的拍摄环境。

反光板，高性价比的灯具附件

　　用灯具为人物或场景补光时，有时光线会比较硬，拍出来的画面不够柔和。这时如果将灯光打在反光板上，借助反光板的反光进行补光，画面的光效可能会好很多，这也是反光板的优势之一。反光板有白色、银色、金色等多种色彩，可以营造出不同色调的反光。

柔光板的特点与适应场景

柔光板透光但不透明，主要用于柔化强烈的光线，起到柔光罩的作用，让强烈的直射光线变成柔和的散射光，使画面变得比较柔和。可以把柔光板放在人物和光源之间，遮住直射的光线。

如果白天在强光下拍摄，可以考虑使用柔光板来柔化光线，并搭配其他反光板使用，这样能得到非常理想的画面效果。

未使用柔光板

使用柔光板

吸光布，消除场景中杂乱的光线

　　吸光布的作用是吸收折射光。吸光布的表面比较粗糙，光折射在上面时不会出现折射效果，就像把光吸收掉一样。如果是黑色玻璃板，玻璃板的表面光滑，会使得照射在上面的光出现折射，那么画面会出现曝光过度的现象。吸光布可以更好地突出拍摄主体。

摄影箱，拍摄小型商品必备道具

摄影箱可以用于拍摄静物。例如，可以把静物放在摄影箱中，摄影箱中的光线比较充足，可以表现出拍摄主体 360°无阴影的效果。

第 3 章
要拍好短视频，
先练好基本技术

如果想拍出高品质的短视频，掌握基本的拍摄技术是必不可少的。

本章介绍影像作品创作所需要的曝光、对焦、光圈与景深、快门与动静、感光度与画质，以及色温与白平衡控制等技术，为后续的实拍做好准备。

曝光，确定画面明暗状态

从技术角度来看，拍摄就是曝光的过程。曝光（Exposure）一词源于胶片摄影时代，是指拍摄环境发出或反射的光线进入相机，底片（胶片）对这些进入的光线进行感应，发生化学反应，利用新产生的化学物质记录所拍摄场景的明暗区别。到了数码摄影时代，感光元件上的感光颗粒在光线的照射下会产生电子，电子数量的多寡可以记录明暗区别（感光颗粒会有红、绿、蓝三种颜色，记录不同的颜色信息）。

摄影领域非常重要的一个概念就是曝光，无论是画面的整体还是局部，其画面表现力在很大程度上都要受曝光的影响。拍摄某个场景后，必须经过曝光这一环节，才能看到拍摄后的效果。

我们所看到的画面，都是经过相机对真实场景进行曝光，最终还原所拍摄场景的亮度，生成画面。

曝光值与曝光补偿，将曝光值数字化

　　曝光程度的高低以曝光值来进行标识，曝光值的单位是 EV（Exposure Value）。1 个 EV 值对应的就是 1 倍的曝光值。改变曝光值时，可以通过设置曝光补偿来实现。曝光补偿是指拍摄时在相机给出的曝光基础上，人为增加或减少一定量的曝光值。几乎所有相机的曝光补偿范围都是一样的，曝光值可以在一定范围内增加或减少，但在变化时并不是连续的，而是以 1/2EV 或 1/3EV 为间隔跳跃式变化的。

　　需要说明的是，虽然在相机上可以直接调整曝光补偿值，但补偿值的实现，本质上还是要通过控制曝光的三要素（光圈、快门速度和感光度）来实现。

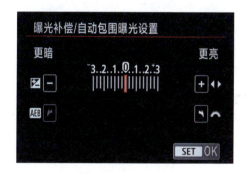

掌握曝光三要素，学会控制曝光

　　了解曝光过程的原理后，可以总结出曝光过程（曝光值）受两个因素的影响：进入相机光线的多少和感光元件产生电子的能力。影响光线多少的因素也有两个：镜头通光孔径的大小和通光时间，即光圈大小和快门速度。用流程图的形式表示出来就是光圈与快门速度影响进入相机的光量，进入相机的光量与感光度影响拍摄时的曝光值。

　　总结起来即是决定曝光值大小的三个因素是光圈大小、快门速度、感光度大小。针对同一个画面，调整光圈、快门速度和感光度，曝光值会相应发生变化。例如，在手动曝光模式下（其他模式下曝光值是固定的，一个参数增大，另一个参数会自动缩小），将光圈变为原来的 2 倍，曝光值也会变为原来的 2 倍；但如果调整光圈为 2 倍的同时将快门速度变为原来的 1/2，则画面的曝光值就不会发生变化。摄影者可以自己进行测试。

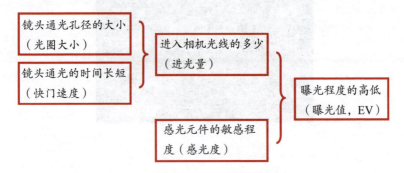

理解测光原理，掌握高级控光技巧

　　画面曝光值的高低，取决于测光技术的运用。画面反差的控制，从技术角度来看，取决于不同测光模式的选择。

　　相机内置测光系统和测光表的测量依据是"以反射率为 18% 的亮度为基准的"。

　　反射率指的是光线照射到物体上后一部分光线被反射回来，被反射回来的光线亮度与入射光线亮度的之比称为反射率。物体的反射率高是指物体对光线吸收少、亮度高，如白雪的反射率约为 98%。物体的反射率低是指物体对光线的吸收少、亮度低，如碳的反射率约为 2%。

　　18% 是平日所能见到的物体的反射率的平均所得到的数值，有专门生产的 18% 灰度的灰卡作为拍摄时的测光依据。

　　具体使用时，将 18% 反射率的灰卡放入环境，与环境受光条件保持一致，拍摄时直接对灰卡测光，就能得到整个环境曝光准确的效果。

　　下图大致列出了该照片中不同区域的大致反射率。

掌握摄影中著名的"白加黑减"理论

　　IT 技术发展到今天，在很多方面已经超过了人脑，其精确、快速的处理能力无与伦比，但在其本质上，却显得很笨，相机的测光即是如此。上述介绍过相机以 18% 的中性灰为测光依据，这也是一般环境的反射率。在遇到反射率超过 90% 的高亮环境时，如雪地等，相机会认为所测的环境亮度过高，自动降低一定的曝光补偿，仍然让曝光向一般亮度靠拢，这样就会造成所拍摄的画面亮度降低而呈现灰色；反之，遇到反射率不足 10% 的较暗环境时，如黑夜等，相机会认为环境亮度过低而自动提高一定的曝光补偿，也会使拍摄的画面泛灰色。

　　由此可见，摄影者需要对上述这两种情况进行纠正，实际来看，"白加黑减"就是纠正相机测光时犯下的错误。

　　（1）在拍摄亮度较高的场景时，应该适当增加一定的曝光补偿值。

　　（2）如果拍摄亮度较低甚至是黑色的场景，要适当降低一定的曝光补偿值。

点测光的原理与用法

点测光，顾名思义，就是只对一个点进行测光，该点通常是整个画面中心，占全图的 1.3% 左右。测光后，可以确保所测位置，以及与测光点位置明暗相近的区域曝光最为准确，而不考虑画面其他位置的曝光情况。

点测光适用范围包括：人像、风光、花卉、微距等多种题材。采用点测光方式可以对主体进行重点表现，使其在画面中更具表现力。拍摄人像时，采用点测光模式测比较明亮的人物面部，这样可以使人物面部曝光准确，并且相机会压暗周围较暗环境的曝光，让画面的明暗反差更加明显。

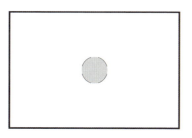

中央重点测光的原理与用法

中央重点测光是一种传统测光方式，在早期的旁轴取景胶片相机上就有应用，使用这种模式测光时，相机会把测光重点放在画面中央，同时并兼顾画面的边缘。准确地说，即负责测光的感光元器件会将相机的整体测光值有机分开，中央部分的测光数据占据绝大部分比例，而画面中央以外的测光数据作为小部分比例，起到测光的辅助作用。

使用中央重点测光模式，根据要表现的重点对象来决定画面整体曝光值，通常用在人像、街拍等题材的摄影当中。拍摄人像时，对人物进行重点测光，适当兼顾一定的环境，这是很多包含人物的风光题材的照片常见测光方法。

局部测光，更具技术含量的点测光

　　局部测光是佳能相机特有的模式，是专门针对取景范围内较小的区域进行测光。局部测光模式类似于扩大化了的点测光，可以保证人脸等重点部位得到合适的亮度表现。需要注意的是，局部测光重点区域在中心对焦点上，因此，拍摄时一定要将主体放在中心对焦点上对焦拍摄，以避免测光失误。

　　在街拍、人像、静物等题材中，使用局部测光可以有效地对主体进行强化。拍摄人像时，首先对人物完成对焦和局部测光，而后锁定对焦和测光，重新构图，完成拍摄，确保人物部分有充足的曝光量。

评价测光的原理与用法

评价测光（在尼康相机中称为矩阵测光）是对整个画面进行测光，相机会将取景画面分割为若干个测光区域，把画面内所有的反射光都混合起来进行计算，每个区域经过各自独立测光后，所得的曝光值在相机内进行平均处理，得出一个总的平均值，这样即可达到整个画面正确曝光的目的。由此，可见评价测光是对画面整体光影效果的一种测量，对各种环境具有很强的适应性，因此用这种方式在大部分环境中都能够得到曝光比较

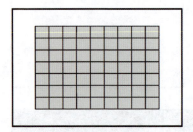

准确的画面。

评价测光模式对于大多数的主体和场景都是适用的。评价测光是现在大众最常使用的测光方式。在实际拍摄中，评价测光所得曝光值使得整体画面色彩真实准确地还原，因此广泛运用于风光、人像、静物等摄影题材。

M模式的原理与适应场景

手动曝光模式（简称 M 模式或 M 挡），光圈、快门速度、感光度等与曝光相关的所有设定都必须由拍摄者事先完成。对于拍摄诸如落日一类的高反差场景，以及要体现个人思维意识的创意题材画面时，建议使用手动曝光，这样可以依照自己要表达的立意，任意改变光圈和快门速度，创造出不同风格的影像。在 M 模式下，曝光正确与否是需要自己来判断

的，但在使用时必须半按快门释放钮，这样就可以在机顶液晶显示屏上或观景窗内看到曝光标尺所提示的曝光数值。

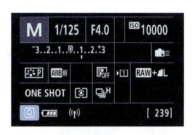

如下图所示，在室内稳定光线的场景下，可以设置好拍摄参数，那么在同样光线下就不必再考虑测光问题，后续所有画面都会保持曝光一致。

光圈优先模式的原理与应用

　　光圈优先（Av）模式是一个由手动和自动控制相结合的"半自动"曝光模式，在这一模式下，光圈由拍摄者设定（光圈优先），相机会根据拍摄者设定的光圈大小并结合拍摄环境的光线情况，自动计算出合适的快门速度。

　　除参与曝光控制外，光圈还可以控制画面的景深效果，所以说选择了光圈优先模式，也可以说是选择了"景深优先"模式，需要准确控制景深效果的摄影者往往选择光圈优先模式。

　　拍摄人像时，优先设定大光圈（下图所示的光圈为 F1.4），确保有较浅的景深，将背景极大地虚化，从而突出主体人物。

快门优先模式的原理与适应场景

　　快门优先模式也是一个由手动和自动控制相结合的"半自动"曝光模式。与光圈优先模式相对应，在快门优先模式下，快门由拍摄者设定（快门优先），相机根据拍摄者设定的快门速度并结合拍摄环境的光线情况，自动计算出光圈值，以达到正确曝光。用不同的快门速度拍摄运动的物体会获得不同的画面效果，高速快门可以使运动的物体呈现凝结效果，慢速快门可以使运动的物体呈现不同程度的虚化效果，手持拍摄时，快门速度的选择也是保证成像清晰或运动物体清楚的关键。

　　在光线微弱的环境中手持相机拍摄人像，为了确保能拍摄下足够清晰的画面，可以设定快门优先模式，优先设定相对较高的快门速度拍摄。

P模式的原理与适应场景

　　程序自动曝光模式简称 P 模式，此模式是相机将若干组曝光程序（不同的光圈和快门速度组合）预设于相机内，相机根据拍摄景物的光线情况自动选择相应的组合进行曝光。通常在 P 模式下还有一个"柔性程序"，也称程序偏移，即在相机给定正确曝光相应的光圈和快门速度组合时，在曝光值不改变的情况下，拍摄者还可以选择其他等效的光圈和快门速度组合，可以侧重选择高速快门或大光圈。

　　程序自动曝光模式的自动功能仅限于光圈和快门速度的调节，而有关相机功能的其他设置都可由拍摄者自己决定，如感光度、白平衡、测光模式等。

　　一般留影、快速捕捉精彩瞬间，以及光线复杂、曝光控制难度较大的场景，可以设定 P 模式快速拍摄。

自动对焦与手动对焦的控制

自动对焦（Auto Focus，AF）又称"自动调焦"。自动对焦系统根据相机所获得的距离信息驱动镜头调节相距，从而完成对焦操作。自动对焦比手动对焦更快速、更方便，但在光线很弱的情况下可能无法工作。

手动对焦（Manual Focus，MF）是指手动转动镜头对焦环来实现对焦的过程。这种对焦方式很大程度上依赖人眼对对焦屏影像的判别和拍摄者对相机使用的熟练程度，甚至是拍摄者的视力。

自动对焦时，镜头对准要拍摄的物体，半按相机快门即可完成对焦，此时可以保证对焦点位置有清晰的成像效果，周围其他景物则不一定是清晰的。手动对焦时，需要拍摄者透过相机的取景器观察景物，如果对焦点处的景物不清晰，需要手动旋转镜头上的对焦环进行调整。

提示：一般的变焦镜头都具有变焦环和对焦环，下图中，右侧的变焦环用于改变焦距，控制取景视角大小，左侧的对焦环用于控制镜头的对焦。定焦镜头无法改变焦距，只有对焦环用于实现对焦的控制。

手动对焦适合哪些场景

既然自动对焦快速又准确，为什么有时还要使用笨拙且精度可能很低的手动对焦方式呢？这是因为自动对焦方式存在无法避免的缺陷。遇到一些特殊的场景时，使用手动对焦的方式可能更容易完成拍摄。一般来说，手动对焦具体适合以下几种条件。

- 拍摄对象表面明暗反差过低（比如云雾、纯色的平滑墙壁、晴空等），或者拍摄场景反差过大（比如强烈的逆光场景），自动对焦可能失灵。
- 现场环境光源条件不理想较暗的场景。
- 拍摄者主动使用手动对焦方式营造特定的效果，比如拍摄夜景时使用手动对焦方式使灯光失焦，以营造出梦幻的效果。

光圈值与光圈孔径有何关系

我们常说大光圈、小光圈、中等光圈等参数，具体是怎样衡量及分类的呢？生产镜头的厂商最初为控制光圈孔径大小，设定了一组级数，称为光圈正级数，有 F1.4、F2.0、F2.8、F4.0、F5.6、F8.0、F11.0、F16.0、F22.0、F32.0 共 10 个级别。光圈每缩小一级，实际的光圈孔径会缩小一半，这样曝光量就会降低一半，即 F 后的数字越大，光圈越小，反之越大。例如，F1.4 光圈的实际孔径大小是 F2.0 光圈孔径大小的 2 倍；F5.6 光圈的孔径大小是 F8.0 光圈孔径大小的 2 倍。

为什么会有这种规律性的变化？其实 F 后的数字标识的是实际光圈孔半径值的倒数。假设光圈孔面积为 a，由圆面积公式 $a=\pi r^2$，则孔半径为 $r=\sqrt{a/\pi}$，将此时光圈值命名为 F1.0；光圈孔面积减少一半变为 $a/2$，则光圈孔半径变为 $\sqrt{a/2\pi}=1/\sqrt{2}\cdot\sqrt{a/\pi}=1/1.414$，约为 1/1.4，即 F1.4；然后以此类推，即可以得到 F1.4、F2.0、F2.8、F4.0、F5.6、F8.0、F11.0、F16.0、F22.0、F32.0 这组共 10 个级别的光圈值。

调整一次光圈，光圈孔径成倍变化，进光量就会加倍或减半，变化非常明显。但也存在一个问题，成倍变化（造成曝光值成倍变化）时就不能精确控制画面明暗变化，因此，各镜头厂商后来又在每级光圈之间插入了 1/2 倍（F1.2、F1.8、F2.5、F3.5 等）和 1/3 倍（F1.1、F1.2、F1.6、F1.8、F2.2、F2.5、F3.2、F3.5、F4.5、F5.0、F6.3、F7.1 等）变化的级数光圈。这样如果发现曝光值稍稍过曝或曝光不足时，可以以更小的幅度对曝光值进行精确调整。

认识景深与画面的虚化程度

　　景深是指拍摄的画面中，对焦点前后能够看到的清晰对象的范围。景深以深浅（或大小）来衡量，清晰景物的范围较大，是指景深较深（大），即远处与近处的景物都非常清晰；清晰景物的范围较小，是指景深较浅（小），这种浅景深的画面中，只有对焦点周围的景物是清晰的，远处与近处的景物都是虚化、模糊的。营造各种不同的效果都离不开景深范围的变化，风光照片一般都具有很深的景深，远处与近处的对象都非常清晰，人物、微距等题材的照片一般景深较浅，重点突出对焦点周围的主体对象。

景深范围

　　如右图所示，对焦位置非常清晰，而前景和背景都比较模糊，画面的景深较小。

掌握得到浅景深超虚化效果的4种方法

（1）开大光圈拍摄得到虚化背景：一般情况下，使用大光圈拍摄画面时，很容易就可以获得较浅的景深，背景可以得到很好的虚化；反之，小光圈则容易获得深景深的效果，即远景景物都更清晰。

（2）用长焦距拍摄得到虚化背景：拍摄人像写真时，设定大光圈可以拍到浅景深效果是最显而易见的，除此之外，借助长焦距拍摄，也可以得到更浅的景深，让背景得到很好的虚化。

（3）靠近拍摄对象得到虚化背景：拍摄时，相机距离主体人物越近，越容易得到浅景深效果，可以进一步让背景的虚化效果得到加强。

（4）拉开主体人物与背景的距离：拍摄时，让主体人物远离背景，也很容易拍出虚化的背景，即浅景深效果。

用最佳光圈拍出更出众的画质

　　一般来说，使用最大光圈与最小光圈都无法表现出最好的画面效果，大多数拍摄者在拍摄时会选择能将镜头的性能发挥到极致的光圈数值，以拍摄出细腻、出色的画质，这个数值称为最佳光圈。

　　最佳光圈是针对镜头而言的，是指使用某支镜头时能够表现出最佳画质的光圈。一般情况下，对于变焦镜头来说，最佳光圈范围是F8.0 ～ F11.0。所谓的画质最佳，是针对焦点周围的画面区域而言的。从最佳光圈的数值范围可以看出，使用最佳光圈时，既无法表现出足够大的虚化效果，也无法获得很大的景深效果，因此，使用最佳光圈要选对时机，不能仅仅因为对焦点周围画质出众而盲目使用。

快门速度与画面动感有何关系

　　拍摄运动的对象时，需要使用高速快门来确保拍摄的画面中运动主体是清晰的，如果快门速度不够快，即快门时间较长，那么运动的主体对象就会产生一些动感模糊，即产生了"动"的效果。

　　如下图所示，第 1 张照片是用较快的快门速度拍摄的，而第 2 张照片则是用相对偏慢的快门速度拍摄的，所以呈现出了一些动感模糊的效果。

感光度原理与画面画质的控制

　　感光度（ISO）是摄影领域常使用的术语，在胶片时代表示胶卷对光线的敏感度，包括 100、200 和 400 等。感光度越高，对光线的敏感度越高，越容易获得较高的曝光值，拍到更为明亮的画面，越适合在光线昏暗的场所拍摄，同时色彩的鲜艳度和真实性会受到影响。在数码摄影时代，数码相机的感光元件 CCD/CMOS 代替了胶卷，并且可以随时调整感光度，等同于更换不同感光度值的胶卷。

　　感光度是指感光元件 CCD/CMOS 对于光线的敏感程度，ISO 有具体的数值，如 100、200、400、800、1600 等，数值越大，代表感光元件对光线的敏感程度越高。

　　感光度发生变化即改变感光元件 CCD/CMOS 对于光线的敏感程度，具体原理如下：在原感光能力的基础上进行增益（比如乘以一个系数），增强或降低所成像的亮度，使原来曝光不足的画面变亮，或者使原来曝光正常的画面变暗。

　　这就会造成另外一个问题，在增加感光度时，同时会放大感光元件中的杂质（噪点），这些噪点会影响画面的效果，并且感光度数值越高，噪点越明显，画质越粗糙；如果感光度数值较小，则噪点就变得很弱，此时的画质比较细腻、出色。

理解白平衡的概念

先来看一个实例：将红色色块分别放入蓝色、黄色和白色的背景当中，然后来看红色色块给人的视觉感受，你会感觉到不同背景中的红色色块是有差别的，而其实是完全相同的色彩。为什么会这样呢？这是因为我们在看红色色块时，分别以不同的背景色作为参照，所以感觉会发生偏差。

通常情况下，人们需要以白色为参照物才能准确辨别色彩。红、绿、蓝三色混合会产生白色，这些色彩就是以白色为参照才会让人们分辨出其准确的颜色。所谓白平衡，是指以白色为参照来准确分辨或还原各种色彩的过程。如果在白平衡调整过程中没有找准白色，那么还原的其他色彩就会出现偏差。

相机与人眼视物一样，在不同的光线环境中拍摄，也需要有白色作为参照才能在拍摄的画面中准确还原色彩。为了方便用户使用，相机厂商分别将标准的白色放在不同的光线环境中，并记录下这些不同环境中的白色状态，内置到相机中，作为不同的白平衡标准（模式），这样用户在不同环境中拍摄时，只要调用对应的白平衡模式，即可拍摄出色彩准确的画面。在数码相机中，常见的白平衡模式有日光白平衡、荧光白平衡、钨丝灯白平衡等，用于在不同的场景中为相机校正色彩。

色温与白平衡有何关系

在相机的白平衡菜单中，每种白平衡模式后面还会对应着一个色温值。色温是物理学上的名词，是用温标来描述光的颜色特征，也可以说就是色彩对应的温度。

把一块黑铁加热，令其温度逐渐升高，起初它会变红、变橙，也就是我们常说的铁被烧红了，此时铁块发出的光，其色温较低；随着温度逐渐提高，铁块发出的光线逐渐变成黄色、白色，此时的色温位于中间部分；继续加热，温度大幅度提高后，铁块发出了紫蓝色的光，此时的色温更高。

色温是专门用来量度和计算光线的颜色成分的方法，19 世纪末由英国物理学家开尔文创立，因此，色

温的单位也由他的名字来命名——"开尔文"（简称"开"，英文为"K"）。

这样，就可以考虑将不同环境的照明光线用色温来衡量了。例如，早晚两个时间段，太阳光线呈现出红黄等暖色调，色温相对来说还是偏低的；到了中午，太阳光线变白，甚至有微微泛蓝的现象，这表示色温升高。相机作为一部机器，是善于用具体的数值来进行精准计算和衡量的，于是就有了类似于日光用色温值 5500K 来衡量这种设定。

下表所示为白平衡模式、色温值、适用条件的对应关系。

白平衡设置	测定时的色温值	适用条件
日光白平衡	约 5500K	适用于晴天除早晨和日暮时分室外的光线
阴影白平衡	约 7000K	适用于晴天室外的阴影环境
阴天白平衡	约 6000K	适用于阴天或多云的户外环境
钨丝灯白平衡	约 3200K	适用于室内钨丝灯光线
荧光灯白平衡	约 4000K	适用于室内荧光灯光线
闪光灯白平衡	约 5500K	适用于相机闪光灯光线

自动白平衡，最方便的色彩控制方式

　　现实世界中，相机厂商只能在白平衡模式中集成几种比较典型的光线情况，如日光、荧光、钨丝灯这些环境下的白色标准。相机是无法记录所有场景白平衡标准的，在没有对应白平衡模式的场景中，难道就无法拍摄到色彩准确的画面了吗？

　　相机厂家开发了自动白平衡功能。相机在拍摄时经过测量、比对、计算，自动设定现场光的色温。在通常情况下，自动白平衡都可以比较准确地还原景物色彩，满足拍摄者对照片色彩的要求。自动白平衡适应的色温范围为 3500K ～ 8000K。

手动改变色温，控制画面色彩

相机设定了 K 值调整模式来调整拍摄时的色温，以方便控制画面色彩。在 K 值模式下，可以在 2500K ～ 10000K 的范围内进行色温值的调整。数字越高，得到的画面色调越暖；反之，画面色调越冷。许多专业的摄影师选择此种模式，根据个人对光线和色温的理解来调整色温，获取合适的画面色彩。

如下图所示，拍摄场景中有树荫、有日光，实际色温要比日光白平衡模式对应的色温高一些，设定色温值为 6000K，最终得到了相对准确的色彩。

强大的自定义（手动预设）白平衡

　　虽然通过数码后期可以对画面的白平衡进行调整，但是在没有参照物的情况下，很难将色彩还原为本来的颜色。在拍摄商品、静物、书画、文物这类需要忠实还原与记录的对象时，为保证准确的色彩还原，不掺杂任何人为因素与审美倾向，可以采用自定义白平衡（在佳能相机中称为自定义白平衡，在尼康和索尼相机称为手动预设白平衡）设定，以适应复杂光源，满足严格还原物体本身色彩的要求。

　　所谓自定义白平衡，是指摄影师将灰卡（或白卡，但整体来看灰卡的准确度更高）放在拍摄场景当中，与被摄体受光条件保持一致，将灰卡作为白色标准拍下来，内置到相机当中，就相当于告诉相机这个场景当中的白色标准。

　　在下图所示的这种光源比较复杂的环境中，如果希望准确记录拍摄对象的颜色，可以使用标准的白板（或灰板）对白平衡进行自定义，以确保拍摄的画面色彩准确。

比实际色温更高的色温，画面会偏什么色

　　如果相机设定的色温与现场色温相匹配，或者基本一致，可以准确还原所拍摄场景的色彩。但如果相机设定的色温高于所拍摄场景的色温值，那么画面会向偏暖的方向发展；如果相机设定的色温低于现场实际的色温值，那么拍摄出来的画面会向偏蓝，也就是偏冷的方向发展。

　　如下图所示，现场的实际色温值已经低于正常太阳光线下的色温值，为 4900K 左右，如果此时相机设定日光白平衡，或者直接设定 5000K 以上的色温，那么拍摄出来的画面是暖色调的。

比实际色温更低的色温，画面会偏什么色

　　人为设定"错误"的白平衡，往往会使画面产生整体色彩的偏移，也就制造出不同于现场的别样感受。正如上一节中提到的，高色温设定可以得到偏暖的画面效果，而比实际场景低的色温值设定，则可以得到偏冷的画面效果，让画面更具创意性和不一样的情绪体验。

　　如下图所示，在日光下（色温 5500K 左右）拍摄人像，设定 4000K 的色温拍摄，那么画面会向偏冷（蓝）的方向偏移，得到这种冷色调的画面效果。

焦距与拍摄视角

镜头焦距的长短与感光元件的大小一样，都会影响最终拍摄画面的视角大小，较短焦距所拍摄的大视角接近 180°，而较长焦距所拍摄的画面视角小于 10°。即焦距越长，则视角越小，画面中可容纳的景物就会越少；焦距越短，则视角越大，画面中能够容纳的景物越多。

如下图所示，焦距从 8mm 到 600mm，镜头视角从 180°缩小为 4°的视角范围

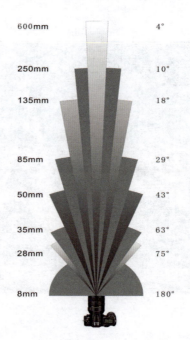

定焦镜头的特点

　　定焦镜头是指焦距不可以变化的镜头。使用时，确定了拍摄距离后，拍摄的视角就固定了，如果要改变视角画面，就需要拍摄者移动位置，这是定焦头最为明显的劣势地方。但是，定焦头也有很多优点。

　　（1）一般来说定焦镜头都比变焦镜头的成像好，这是镜头的设计所决定的，由于变焦镜头要考虑所有焦距段都有相对好的成像，所以，需要牺牲局部的利益让整体有一个相对好的表现，但定焦镜头不用考虑这些。在光学品质方面，定焦镜头有很多优势，特别是在同样的焦距和拍摄条件下更为明显。

　　（2）定焦镜头一般都拥有更人的光圈，在弱光拍摄环境下尤为有用，并且能够获得更浅的景深效果。

　　（3）定焦镜头一般都比涵盖相应焦段的变焦镜头体积小、重量轻，更便于携带。最后，如果经常使用，会发现定焦镜头能够锻炼用户的镜头感，让用户对镜头运用得更加自如。

变焦镜头的特点

　　与定焦头相对的是变焦镜头，简称变焦头。变焦镜头可以通过调节焦距调整被拍摄景物的画面视角，不用拍摄者移动位置，取景范围可以从远景到近景任意调整，可以让摄影作品有着多样性，使用的时候不用经常换镜头，可以推远或拉近，非常方便。现在的变焦镜头的光学品质越来越高，而且可以选择的变焦镜头涵盖了从超广角镜头到超望远镜头的各种焦段。虽然变焦镜头的成像质量与定焦头相比，所拍摄的画面质量会有一点欠缺。

恒定光圈与非恒定光圈

　　镜头上都有光圈的标识，如 1:3.5-5.6、1:2.8 等。1:3.5-5.6 的意思是镜头的最大光圈为 F3.5 ～ F5.6，这表示假设焦距为 20mm，镜头的最大光圈为 F3.5，当焦距变为 50mm 时，最大光圈有可能变为 F5.6，也就是说镜头的最大光圈不是恒定的，称为非恒定光圈。1:2.8 表示无论焦距是 20mm 还是 50mm，镜头的最大光圈都是 F2.8。恒定光圈镜头无论是在广角端还是长焦端，最大光圈值都是恒定的；非恒定光圈镜头的最大光圈值随着焦距的变化会有所变动。一般情况下，恒定光圈镜头的光学品质比非恒定光圈镜头的光学品质好。

　　如下图所示，1:2.8 表示恒定最大光圈为 F2.8，1:3.5-4.5 表示非恒定最大光圈为 F3.5 ～ F4.5。

第 4 章

手机拍摄短视频的设置与操作

　　本章介绍拍摄短视频之前需要对手机进行的一些设置，并让读者掌握画面虚实和明暗的控制方法，这主要通过对焦和测光实现。

改变手机测光位置决定明暗

　　相对于之前的一些设定，视频明暗与清晰度设定更重要一些。与拍摄单独的照片一样，在拍摄视频时，如果最终清晰对焦的位置不合理，那么画面给人的感觉就会很模糊。手动点击想要清晰对焦的位置，就可以完成对焦。

　　对于手机来说，对焦点即是测光点，也就是说，点击一下屏幕的某个位置，不仅决定了视频的清晰度，也决定了视频的明暗。

　　对于测光点来说，如果点击画面中一个非常明亮的位置，那么手机会认为拍摄的环境亮度非常高，就会自动降低曝光值，那么视频画面就会变暗一些；如果点击一个偏暗的位置，那么手机会认为我们拍摄的画面比较暗，会自动提高曝光值，最终拍摄出来的画面就会偏亮一些。

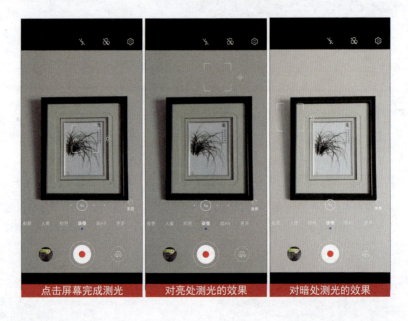

点击屏幕完成测光　　对亮处测光的效果　　对暗处测光的效果

手动设定曝光值控制画面明暗

除了可以根据所选择的测光点来确定视频画面的明暗（不选择测光点时手机会自动判定），还可以人为设定曝光补偿（单位是 EV），可改变曝光值的高低。

单击画面中的某个位置，测光完成之后，手指点住对焦点一侧的小太阳图标，向下拖动（-0.5EV），降低画面的曝光值，画面会明显变暗；向上拖动小太阳图标则会提高曝光值（+0.8EV），画面明显变亮。

设定好之后，手机就会以最终设定的曝光效果进行拍摄。

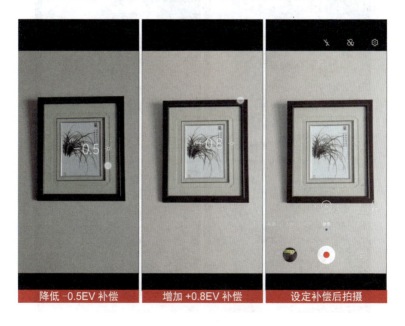

| 降低 -0.5EV 补偿 | 增加 +0.8EV 补偿 | 设定补偿后拍摄 |

对焦点对画面虚实的控制

　　使用华为 Mate 20 手机进行拍摄，可以看到天空位置是虚化的，为了让上方的植物也变得清晰，可以点击上方的树叶位置，这时植物变得清晰了。需要哪个位置清晰，点击哪个位置对焦即可。

　　需要注意的是，点击改变对焦位置后，测光点同时变化，画面明暗也会变化，这时需要在对焦点一侧改变曝光补偿来调整画面明暗。

灯光设定

在拍摄短视频时，界面上的闪光灯状图标对应的并不是瞬间发光的闪光灯，而是一种长明的灯光。在拍摄一些比较暗的场景时，开启照明灯可以对场景进行补光，从而得到更理想的效果。

对于一些比较光滑的玻璃、金属等对象，不适合开启这种长明的强光，因为它会导致拍摄的视频当中出现明显的光斑。

是否启用这种照明灯要根据实际情况进行选择，大部分情况下是不选择开启的。

如下图所示，可以看到，开启照明灯后，画面中间的玻璃上出现了一个明显的光斑，破坏了画面效果。

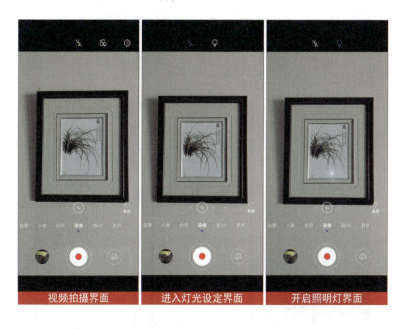

视频拍摄界面　　进入灯光设定界面　　开启照明灯界面

分辨率与视频格式设定

在拍摄之前，应该根据所需要短视频的要求进行一些相应的设定。

首先来看视频分辨率的设定。在拍摄视频界面点击右上角的设置按钮，进入设置界面，选择"视频分辨率"选项，弹出"视频分辨率"界面。可以看到这款手机有"［16:9］4K""［全屏］1080p""［16:9］1080p""［21:9］1080p"等选项。

大部分情况下，设定默认的 16:9 1080p 即可。如果对视频的分辨率要求非常高，在大屏上播放，可以考虑设定为 4K 分辨率，如果对视频的分辨率要求非常低，可以选择 720p 分辨率。

选择 4K 时，可以看到下方有明显的提示，不能使用一些特效、美肤的效果。

选择"视频帧率"选项，弹出视频帧率设定界面。30fps 和 60fps 两种选项分别代表每秒 30 帧画面和每秒 60 帧画面。30fps 能保证视频的流畅度，60fps 可以保证画面的播放平滑、细腻，画质更好。

设置界面

视频分辨率设定界面

视频帧率设定界面

构图参考线的设定

在"设置"界面开启参考线之后，如果回到视频拍摄界面，可以看到画面中出现了九宫格，能够帮助用户进行构图，并在一定程度上方便用户观察画面的水平和竖直。

开启参考线　　　　　开启参考线后的拍摄界面

定时拍摄

"设置"界面中还有一个比较有用的选项 —— "定时拍摄"。选择"定时拍摄"选项，弹出"定时拍摄"界面。自拍时，可以将手机放到三脚架等固定设备上，之后进行倒计时（有 2 秒、5 秒和 10 秒 3 个选项），等用户摆好姿势之后再开始进行拍摄。

设置界面　　　　　定时拍摄设定界面

滤镜，拍摄出不同的色彩风格

在拍摄时点开上方的滤镜图标，可以进入滤镜设定界面。在视频界面下方可以看到，有不同的滤镜效果，有无、AI 色彩、人像虚化等，这里随便选择一种色彩，可以看到画面的色彩和影调都出现了较大的变化。

当前所选的滤镜更适合表现人物，因此，我们换了一个场景拍摄人物，同时换了一款华为手机。可以看到上方的滤镜图标也发生了变化，它位于拍摄画面的左下角。点开后可以看到内部功能的设定基本上是一样的。

拍摄人物时，使用滤镜的效果会更好一些。

首先我们可以看到，选择"AI 色彩"是一种效果；再选择"人像虚化"，人像周边的环境得到虚化，但是这种虚化效果边缘的过渡不一定理想。

| 点击滤镜设置 | 选择 AI 色彩 | 选择人像虚化 |

磨皮，让人物皮肤光滑白皙

在视频拍摄界面右下角是磨皮滤镜。磨皮滤镜主要在拍摄人物时使用。一般来说，没有化妆或打粉底的人物面部的一些黑头、瑕疵拍出来会特别明显，开启磨皮滤镜后，人物的皮肤就会特别白皙、平滑。

打开"磨皮滤镜"之后可以看到，在拍摄人物时，默认是有一定的磨皮效果的。如果关掉这种磨皮效果，人物的面部肤质会明显变得粗糙。如果将磨皮效果开到最高，人物的皮肤会非常光滑，但皮肤的质感会丢失。因此，在使用磨皮滤镜时，一定要把握好度。

色调风格，设定画面色感

　　有些型号的手机还有风格设定功能。例如，华为的 Mate 20 系列手机，在拍摄界面上方中间位置，可以看到色调风格选项。单击点开"色调风格"，可以设定标准、鲜艳和柔和 3 种效果。标准色调风格属于比较适中的效果；而鲜艳的色调风格则是非常浓郁的；柔和色调风格也偏浓郁，但是画面的效果更柔和、平滑一些。

点击色调风格　　　　　鲜艳色调效果　　　　　柔和色调效果

第5章
认识短视频的景别

　　景别是指拍摄时所选择的特定场景范围或视角。景别有助于塑造观众对场景或角色的感知。景别的变化不仅可以实现镜头之间的切换，还可以展示出人物与环境之间的关系，表达出丰富的情感。

　　通常可以将景别划分为四大类：远景、全景、中景和特写。远景、中景和特写又可以细分出更多小景别。本章将详细介绍各种景别的概念与特点。

远景的特点与用途

　　远景是指摄取远距离景物和人物的一种画面。这种画面可以使观者看到广阔深远的景象，从而展示人物活动的空间背景或环境气氛。远景适合表现规模浩大的人物活动，如大型舞台表演、人潮涌动的节日庆典等。

大远景的特点与用途

　　大远景是指用广角镜头从一个非常远的距离和一个高角度拍摄的画面。这种拍摄方式能够展现非常辽阔和深远的背景,如连绵的山峦、浩瀚的海洋、无垠的沙漠或从高空俯瞰的城市等。由于拍摄距离极远,使得画面在视觉上更加辽阔深远,节奏上也相对舒缓。大远景通常用于表现宏大的场面,为观者提供宽广的视觉体验。

　　大远景和远景都可以用来展现广阔、深远的画面。大远景的拍摄距离更远,更强调对宏大场面的表现,而远景则更注重对人物活动和环境气氛的展示。

全景的特点与用途

全景通常指的是展现环境全貌或人物全体的景别。

全景旨在表现相对于局部的整体景观与场面,帮助观众更好地理解场景中的环境、空间关系和人物位置。

全景的特点是可以让观者看到整个场景或角色的全身,从而感知到场景的全貌和角色的位置。这种镜头通常用于展现场景的宽广、壮观或宏大,也可以用于展现角色的全身动作和姿态。

在电影叙事中,全景镜头常常与其他景别(如中景、近景、特写等)交替使用,以创造出丰富的视觉体验和情感共鸣。例如,在展现一个角色的情绪变化时,可以先用全景镜头展现角色所处的环境,再用中景或近景镜头聚焦在角色的面部表情上,从而让观者更好地理解角色的情感状态。

中景的特点与用途

中景也可以称为腰部镜头，是指将画面下边缘卡在人物腰部的景别范围。画面最终会将焦点放在拍摄对象的上半身，这种镜头距离适中，既能展示人物的动作和姿势，又能捕捉到他们的表情和情绪。中景镜头是影视制作中最常用的镜头之一，因为它能够平衡背景和人物之间的关系，同时又能让观者感受到人物的情感变化。中景镜头的语言通常是细腻而富有情感的，能够将人物内心的复杂情感淋漓尽致地展现出来。例如，在一个对话场景中，中景镜头可以突出人物之间的交流和互动，让观者更好地理解他们之间的关系和情感。

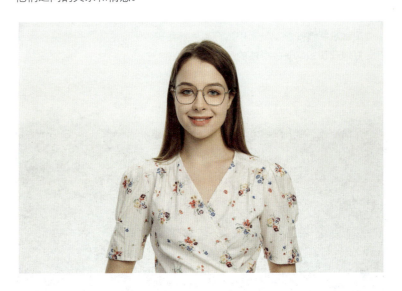

中远景的特点与用途

中远景比全景景别稍微小一些，但仍然包括一个较大的场景，可以展示环境和人物的相对位置。这种景别常用于展示人物在环境中的位置、动作，以及与周围环境的关系。

在中远景中，人物通常占据画面的一部分，但不会占据太多空间。这样可以让观者既能看到人物，又能看到周围的环境，从而更好地理解人物所处的情境和背景。

除了电影、电视剧等影视作品，中远景也常用于其他类型的视觉媒体，如广告、音乐短片等。在这些媒体中，中远景常用于展示产品、场景等元素与人物的关系，从而更好地突出产品的特点和优势。

中远景能够在影视画面中营造出更加真实、生动的场景和情境，让观者更好地理解和感受故事中的情感和情节。

中近景的特点与用途

　　中近景的取景画面，是将一般中景镜头进一步拉近，让画面下边缘基本上卡在人物的胸部。中近景聚焦于人物的脸部的五官细节、面部表情等。这种镜头能够突出人物的表情和细微动作，让观者更加深入地感受到他们的内心世界。中近景镜头的语言通常是强烈而富有冲击力的，能够将人物的情感和情绪放大，让观者产生共鸣。

特写的特点与用途

特写镜头是一种将观者的视线直接引向拍摄对象或人物脸部的拍摄手法。特写镜头通常会填满画面，聚焦于眼睛、嘴唇等关键表情元素，展现出极其清晰的细部质感。这种镜头语言在情感表达上尤为出色，能够捕捉到人物微妙的表情变化，如眼神的闪烁、嘴角的颤动等，从而传递出角色的内心世界和情感波动。

特写镜头还常常用于强调对象的特点，如一件艺术品的精美细节、一栋建筑的独特构造等，使观者能够更深入地欣赏和理解这些特点。

在叙事时，特写镜头能够创造出一种紧张感和悬疑感，通过聚焦关键信息，将观者的注意力吸引在故事情节上。

大特写的特点与用途

相比一般特写镜头，大特写镜头进一步拉近了观者与拍摄对象的距离，将画面聚焦于拍摄对象的某个局部，如眼睛、鼻孔或皮肤纹理等。这种镜头语言常常用于表现强烈的情感或心理状态。

通过大特写，观众能够感受到拍摄对象所传递的强烈情感，如愤怒、悲伤、喜悦等。这种情感传递方式往往比言语更加直接和深刻。

此外，大特写镜头还能创造出一种超现实或梦幻的效果，使观者仿佛置身于一个不同于现实的奇妙世界。

在一些艺术电影或实验性作品中，大特写镜头被用来探索拍摄对象的微观世界，揭示出隐藏在表面之下的深层含义。

极特写的特点与用途

　　极特写镜头将观者的视线带入了一个前所未有的微观世界。通过这种镜头语言，观者可以观察到拍摄对象表面极为细腻的细节和纹理，如皮肤的毛孔、叶子的脉络等。

　　极特写镜头常常用于展示拍摄对象的独特美感和质感，使观者产生强烈的视觉冲击和审美体验。

　　在科学或自然纪录片中，极特写镜头被用来揭示生物或物体的微观世界，揭示出隐藏在表面之下的奥秘和神奇。

　　此外，极特写镜头还能够创造出一种超现实或梦幻的效果，使观者仿佛置身于一个不同于现实的奇妙世界。这种视觉效果常常令人难以忘怀，成为视频中的经典画面。

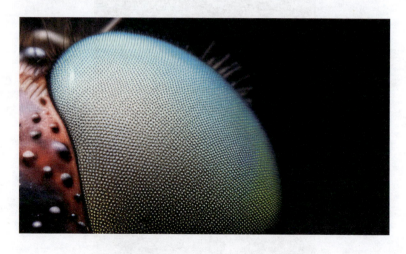

不同景别的镜头时长

　　我们已经多次介绍过景别的相关知识技巧，实际上，在进行短视频后期剪辑时，有这样一条比较有效的经验：在由多个镜头组成的短视频当中，绝大多数情况下，不同镜头的时长是由该镜头的景别所决定的。例如，远景画面内容较多，需要交代环境等非常多的内容，往往时长要更长一些；全景交代的内容稍微少一些，往往镜头时长要次之；再到中近景和特写，镜头时长逐渐缩短。

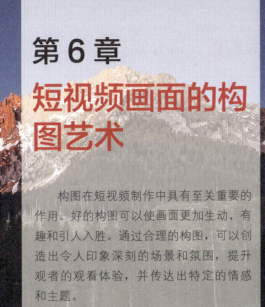

第 6 章
短视频画面的构图艺术

构图在短视频制作中具有至关重要的作用。好的构图可以使画面更加生动、有趣和引人入胜。通过合理的构图，可以创造出令人印象深刻的场景和氛围，提升观者的观看体验，并传达出特定的情感和主题。

五大构图元素分别有哪些

构图是影像创作的基础，也是影像创作的灵魂。简单的构图形式很容易学到，但构图的精髓很难吃透。摄影构图是指通过被摄画面的点、线、面组合，将景物更为合理、更为优美地表现出来。我们经常见到或是听到的构图形式有许多，而不知道但却合理的构图形式可能更多，因此，只是简单掌握几种构图形式，意义并不是很大，关键是要明白其原理和指向，也就是要知其然，更知其所以然。接触摄影构图，要先了解一些具体的概念，如前景、背景、主体、陪体、留白等。其中，主体是所有元素中最为重要的，其他元素都是为了更好地表达主体。

如下图所示，1 为主体，2 为陪体（与主体形成呼应，产生故事情节），3 为前景（使主体在画面不至于显得突兀），4 为背景（修饰、衬托主体，交代环境信息），5 为留白。

想尽办法让背景干净起来

　　之前已经提过，干净的背景不会分散观者的注意力，并能够对画面起到一定的衬托和修饰作用，但实际拍摄画面时，并不能轻松寻找到非常干净，又有一定表现力的背景。如果背景不够干净，通常要通过一些技术手段或取景的调整，让背景变得干净起来。

　　如下图所示，画面表现的是秋风中的芦苇，要突出芦苇的形态，背景如果杂乱，一定会对主体的表现力形成较大干扰，因此，通过虚化背景的方式，让背景变得非常柔和干净，实现了突出主体的目的。

用线条做前景，引导观者视线

　　前景是非常重要的，它能够过渡视线、引导视线、丰富画面层次等。前景利用得好，可以提升作品的表现力。

　　如下图所示，画面中的前景有两个作用：一是围栏丰富了建筑自身的表现力，建筑本身就是黄瓦红墙，非常庄严肃穆，而浅色的围栏则让整个建筑群给人的观感更加完整，表现力更强；二是前景呈现出一种蜿蜒延伸的线条，能够将观者的视线引导到远处的宫殿主体上。

放大前景，增强画面立体感与深度

　　前景还有另外一个非常重要的作用：通过靠近前景进行拍摄的画面，前景所占的比例会非常大，并得到夸张性的放大，这种放大会导致远处的对象变小，呈现出近大远小的空间关系，让画面显得更加立体，更有深度。一般来说，要表现这种空间感，可以借助前景来增加画面深度，通常是使用中小光圈，并且是超广角镜头进行拍摄，拍摄时应尽量靠近前景。

　　如下图所示，画面表现的是五台山里的日落场景。拍摄时，建筑自身稍稍显得有些凌乱，表现力不够，把黄色野花的植物作为前景，并且尽量靠近前景，将其夸大，最终得到了这种空间感极强的画面效果。

背景中隐藏着什么信息

一般来说，画面当中的背景通常是用于渲染氛围，交代拍摄的时间和环境信息。

如下图所示，画面中漫天的红霞交代了拍摄的时间，大概是日出或日落前后这一很短的时间段。当然，如果对这个场景比较熟悉，那么就会知道，这是日落后拍摄的一个场景画面。另外，这种红霞还渲染了整个画面的氛围，让画面具有很强的感召力。

留白，此时无声胜有声

留白是中国传统绘画艺术中的术语，是指用一些空白来表现画面中需要的水、云、雾、风等景象，有时这种技法比直接用景物来渲染表达更有意境，可以实现此时无声胜有声的效果。

留白可以使画面构图协调，减少构图太满给人的压抑感，很自然地将观者的目光引向主体。

如下图所示，画面上方有大片的留白，这种留白让画面显得疏密得当，不会有过紧的感觉，而且给人无限的遐想。

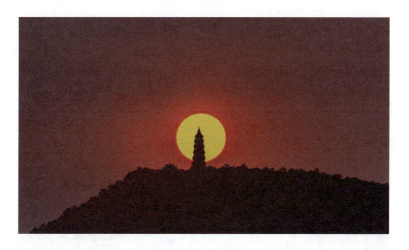

什么是几何透视

人眼在看景物时，总会觉得眼前的景物面积较大，而远处的景物面积相对较小，这是一种几何透视。例如，人眼在看到近处的路灯和远处相同大小的路灯时，会感觉近处的路灯明显大于远处的路灯。人眼观察不同距离的物体时，物体的宽度或高度两端在视网膜上形成的视线夹角不同，距离越近，夹角越大，距离越远，夹角越小，从而形成了近大远小的几何透视效果。可以将相机镜头看作人的眼睛，成像平面即为感光元件 CCD 或 CMOS，如果 CCD 或 CMOS 上所成像符合之前介绍的透视规律，则说明该摄影作品的透视效果好，反之则差。

如下图所示，河道由宽及窄的变化与山体近大远小的对比都使画面表现出很强的透视感。

什么是影调透视

之前介绍的透视规律基本上是在空间几何领域，体现为拍摄对象的空间位置关系。同样，根据人眼的视觉体验可以知道，远处的景物在人眼中会显得比较模糊，像蒙上了一层薄雾，而近处的景物则非常清楚，这也是透视规律的一种表现，称为影调透视。这样看来，在摄影领域透视规律的具体体现有近大远小的几何透视，还有远处模糊近处清晰的影调透视。好的摄影作品这两种透视规律都非常明显，特别是在大场景的风光作品中，线条透视优美，空间感强，而影调透视则使画面变得深远，意境盎然。近景水面清晰，向远方逐渐变得模糊，这是影调透视的一种典型表现。

1:1画幅，传承久远，善于表现单独主体

从摄影最初的发展来说，1:1 是较早出现的一种画幅形式，这主要来源于大画幅相机 6:6 的比例。后来随着 3:2 及 4:3 画幅的普及，1:1 这种比例越来越少见，但对于一些习惯于使用大中画幅拍摄的用户来说，1:1 仍然是他们的首选。当前许多摄影爱好者为追求复古的效果，也会尝试使用 1:1 的画幅比例。

如下图所示，强调明显的主体对象时，1:1 的方画幅比例是非常理想的，它有利于突出主体对象并兼顾一定的环境信息。

4:3画幅，大有来头的画幅比例

　　4:3 也是一种历史悠久的画幅比例。早在 20 世纪 50 年代，美国就将这种比例作为电视画面的标准。这种画幅比例能够以更经济的尺寸展现更多的内容，因为相比 3:2 及 16:9 来说，这种比例更接近于圆形。

　　4:3 具有悠久的历史，所以时至今日，奥林巴斯等相机厂商仍然生产 4:3 的相机，并且也仍然拥有一定数量的拥趸。4:3 曾经数十年作为电视画面的标准比例，所以用户在看到 4:3 的画面时，并不会感到特别奇怪，依然能够欣然接受。

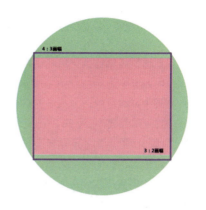

　　4:3 的画面比例，在表现单独的被摄体时，具有一些天生的优势。类似于方形构图，它可以裁掉左右两侧过大的空白区域，让画面显得紧凑，让人物显得更近、更突出，如下图所示。

3:2画幅，后来居上的画幅比例

　　1:1 的画幅比例远比 3:2 的画幅比例历史悠久，但后者在近年来却几乎占据主流，这说明这种画幅比例是具有一些明显优点的。3:2 最初起源于 35mm 电影胶片，当时徕卡镜头成像圈直径是 44mm，在中间画一个矩形，长约为 36mm，宽约为 24mm，即长宽比为 3:2。由于徕卡在行业中占据主导地位，几乎成为相机的代名词，因此这种画幅比例自然就更容易被业内人士接受。

　　右图中，绿色的圆为成像圈，中间的矩形长宽比为 36:24，即 3:2。虽然 3:2 的比例并不是徕卡有意为之，但这个比例接近黄金比例却是不争的事实，这一意外的比例契合，也是 3:2 能够广泛流行的另一个主要原因。

　　在当前消费级数码相机领域，3:2 画幅是绝对的主流，无论佳能、尼康还是索尼，拍摄画面的长宽比都是 3:2。

16:9画幅，源于商业利益的追逐

我们可以认为 16:9 代表的是宽屏系列，因为还有比例更大的 18:9、3:1 等。

16:9 这类宽屏在 20 世纪后期兴起，最初因符合人眼水平视野更广的生理特性，被应用于影院宽屏电影；而作为显示器标准，其普及源于 21 世纪高清分辨率对比例的规范。人眼是左右分布的结构，水平视野宽于垂直视野，因此显示设备更适合采用宽幅设计。

到了 21 世纪，计算机显示器、手机显示屏等硬件厂商发现 16:9 的宽屏比例不仅适合于投影播放，还能与全高清的 1920×1080 分辨率完美匹配，因此开始大力推广 16:9 的屏幕

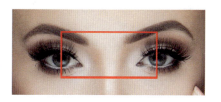

比例。近年来，16:9 在手机与计算机屏幕领域占据主导地位，很少能够看到新推出的 4:3 比例的显示设备了。

提示： 专业电影常用长宽比为 2.35:1，因此用 16:9 长宽比的计算机屏幕观看时，画面上下会出现黑边。这些黑边经常被用来放置电影的字幕。

18:9画幅，智能手机的花招

当前手机的主要画幅比例为 18:9，即 2:1 的长宽比。2:1 的长宽比不一定能够从最大性能上发挥手机的像素优势。例如，某款手机的摄像头像素为 1200 万，实际的长宽比是 4:3，即长边是 4000 像素、宽边是 3000 像素（4000×3000=1200 万像素），只有以 4:3 的比例拍摄才能够得到最大像素比例的画面。如果以 18:9（与手机屏幕比例一致）来拍摄，它虽然能够得到 18:9 的长宽比的画面，但实际上会裁掉画面的两个宽边的部分像素。也就是说，实际上以 18:9 的比例拍摄的画面像素不足 1200 万，长边仍然是 4000 像素，而宽边的像素会被减少，因此，总像素要少于 1200 万，不利于呈现最优画质。

黄金分割比，一切黄金构图的源头

学习短视频拍摄，黄金分割构图（以下称为黄金构图法则）是必须掌握的知识，许多构图方式都是由黄金构图演变或简化而来的。黄金构图法则是由黄金分割比演化而来。

古希腊学者毕达哥拉斯发现，将一条线段分成两部分，使其中较短的线段与较长的线段之比等于较长的线段与整条线段的比值，这个比值约为0.618。这个比例能够让这条线段看起来更加具有美感，因此也被称为黄金分割比，分割线段的点则为黄金分割点。

在摄影构图中，按黄金分割比来设计画面，可以让照片更加好看，因此黄金分割点也可以称为黄金构图点。在摄影领域，将重要景物放在黄金构图点上，景物自身会显得比较醒目和突出，又比较协调、自然，这种构图形式称为黄金构图。

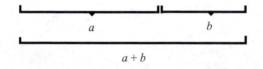

从黄金分割到黄金构图点

　　借助黄金分割，可以将取景的画面分为左右、上下各两个部分，两条线的交点位置称为黄金构图点。这样的黄金构图点共有 4 个，这 4 个位置都可以放置主体，这样既有利于突出主体，又可以让画面充满美感。

　　如下图所示，通过黄金分割，可以看到画面中的主体动物出现在黄金构图点上，动物整体显得比较醒目，画面有秩序感和美感。

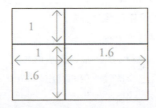

黄金分割线与黄金构图点的经典应用

　　黄金构图法则在摄影后期软件中是以构图辅助线的形式出现的，如果选择裁剪工具之后，就在叠加线中选择黄金比例。

　　在裁剪画面时，可以非常方便地将想要的线条放在黄金构图线上，将想要的点放在构图点上，进行二次构图。

　　如下图所示，选择裁剪工具之后，因为启用了黄金比例的辅助线，人物的眼睛恰好位于黄金构图点附近，人物整体则位于黄金分割线上，形成比较均衡的构图效果。对一些不是特别合理的构图，就可以通过这种裁剪方式调整主体在画面中的位置。

三分法与黄金分割有什么关系

用线段将画面的长边和宽边分别三等分，四条线段形成的"井"字交点近似于黄金构图点，这便是三分法的由来。三分法可看作黄金分割的简化、近似应用，更易操作。

三分法的操作逻辑简单：在画面中横向或纵向三等分，以左、中、右或上、中、下的比例关系构建构图框架。

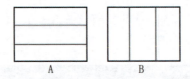

如下图所示，由于天空层次单一缺乏表现力，构图应突出地面景物（人物与长城）。采用三分法时，将天空占比控制在 1/3，地面景物占据 2/3，通过比例切割强化主体表现力，使画面整体效果更协调。

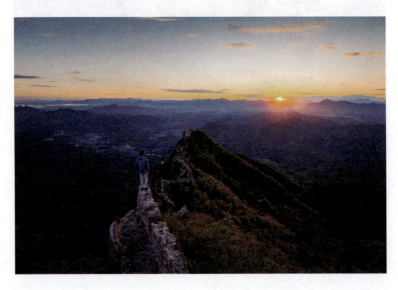

大小对比构图

　　面对同样的对象，通过大小对比来强化画面的形式感，使画面变得更有意思，这就是大小对比构图。需要注意的是，大小对比的景物最好是同一种，最好是在同一个平面上，如果产生了远近的变化，就不属于大小对比构图了。

　　如下图所示，两只天鹅一大一小，形成了一种大小对比。其实这种对比不仅来自面积的大小，还来自天鹅本身年龄的差别，一老一幼，使画面在视觉张力中兼具温情基调，增强了叙事感染力。

远近对比构图的要点

　　远近对比与大小对比是有一定联系的，它们同样是有大有小，但远近对比还会有距离上的差异。这种对比形式的画面显得内容和层次更加丰富，并且有可能蕴含一定的故事情节，让画面更加耐看，更有美感，因为它符合了人眼的视觉透视规律。

　　如下图所示，同样的牛，近大远小，但是这时就不能称之为大小对比构图，这是一种新的构图形式。同样大小的对象，由于空间的变化产生了视觉上的大小差异，这就是近大远小的远近对比构图。

明暗对比构图的要点

一般情况下，明暗对比构图一般强调的是受光处的对象。明暗对比构图的最大优势是能够增强画面的视觉冲击力，使画面非常醒目和直观。

如下图所示，背景及周边景物处于阴影中，是非常暗的，而作为主体的猫咪受窗光照射，非常亮，形成了强烈的明暗反差。这种明暗反差给人的视觉感受，强调了受光处猫咪的视觉效果，也就是说，通过明暗的对比强调了亮处的拍摄对象，这便是明暗对比构图。

虚实对比构图的要点

　　虚实对比是一种非常常见的构图形式，它是以虚衬托清晰（实），突出主体，强化画面的主题。

　　如下图所示，画面中以虚化的背景花卉衬托清晰的主体。需要注意的是，这种虚实对比一定要确保主体部分是清晰的，另外，也不能让虚化的区域过度虚化，不保留一点轮廓，否则，就起不到虚实对比的作用了。

色彩对比构图的要点

　　理想的色彩对比并不是我们随意排列的，最好的选择是互为互补色的两种色彩进行对比，如洋红与绿色、青色与红色、蓝色与黄色，这样更容易产生强烈的色彩对比效果，更有利于表现画面的视觉冲击力。

　　如下图所示，画面中利用了色彩对比原理，利用大片深浅不一的绿色来衬托洋红色的荷花，所谓"万绿丛中一点红"，这是一种典型的色彩对比。洋红色与绿色本身就是互补色，二者之间的色彩反差是非常大的，再加上背景偏暗的绿色，这种对比效果更加强烈。

光圈 F/4，
快门 1/800s，
焦距 200mm，
感光度 ISO320

动静对比构图的要点

下面介绍另一种对比法则，即动静对比。动静对比有多种表现形式。如右下图所示，植物的静态与昆虫的动态形成对比，这是花卉摄影当中最典型的一种对比构图方式。

如下图所示，舞台画面呈现的也是一种动静对比，它是利用速度差营造出的效果。我们以相对较慢的快门速度拍摄，那么较快的运动对象相对于快门速度来说就太快了，相机无法捕捉它瞬间清晰的画面，产生了运动模糊，就像画面中出现动态模糊的人物一样。而画面中运动速度较慢或静止的对象则被清晰记录下来，这样画面中就同时记录下动静不同的状态。

高机位俯拍有什么特点

　　高机位俯拍即俯视取景，是指从高于拍摄对象的角度拍摄，是一种居高临下的拍摄方式。采用低位俯拍的方式可以比较容易地拍摄出景物的高度落差，搭配广角镜头与较大的物距，可以拍摄出画面广阔的空间感。采用高位俯拍的拍摄方式会压缩画面主体的视觉比例，使其投射在广阔的背景上，造成夸张的大小对比。俯视取景搭配广角镜头可用于拍摄大场面的风光作品。

低机位仰拍有什么特点

低机位仰拍即仰视取景，是指镜头向上仰起进行拍摄，获得的摄影作品中拍摄对象看起来会更加高大、更有气势，如果靠近拍摄主体，还能使画面中的构图元素富有极度近大远小的夸张透视感觉。仰视取景中，相机向上仰起的角度也有两种选择，45°左右的仰角可以拍摄出主体高大有气势的形象，例如，仰拍美女人像时，可以拍摄出人物修长的腿部；如果将相机的仰角调整到 90°左右，则会营造一种使人眩晕的画面效果，非常具有戏剧性和压迫性，冲击力十足。

平拍的特点是什么

平拍是指相机与拍摄对象处于同一水平面上时的拍摄过程，这种拍摄角度符合人眼看一般景物时的视觉习惯。平拍拍摄的画面效果一般比较平稳、安定，如果是普通画面，往往视觉冲击力不是很强。但并不是说平拍就不能拍摄视觉冲击力较强的画面，如果要提高画面的冲击力，可以在画面色彩与影调方面进行特殊处理，或采用特殊的拍摄手法，使得画面更富有震撼效果，如使用变焦法拍摄等。

如下图所示，画面呈现的就是一种平拍的视角，最终画面会看起来比较自然。

横画幅构图的画面有什么特点

画幅分为横画幅与竖画幅。所谓横画幅与竖画幅，是指拍摄时使用横构图拍摄还是竖构图拍摄。横拍主要用于拍摄风光摄影等题材，它能够兼顾更多的水平景物。由于人眼视物是从左向右或从右向左的，相当于在水平面内左右移动，所以，横幅拍摄更容易兼顾地面的场景对象，表现出更加强烈的环境感与氛围感。

人眼所见的景物大多不是自上而下分布的，自上而下分布的景物没有太多的环境感，因此，使用横幅拍摄更容易交代拍摄环境。

竖画幅构图的画面有什么特点

　　竖拍也称为直幅拍摄，使用这种拍摄方式时，画面的上下两部分的空间更具延展性，有利于表现单独的主体对象，如单独的树木、单独的建筑或山体等，能够强调主体自身的表现力。

　　构图的横竖并不简单，尤其是在拍摄人像时。通常情况下，拍摄人像写真更多侧重于强调人物自身的面部表情、肢体动作及身材线条，这样，就需要弱化环境感带来的干扰，因此，竖画幅构图是更理想的选择。

水平线构图的画面有什么特点

　　构图时，地平线是最为常见的线条，特别是在风光类摄影题材中，水平、舒展的地平线能够表现出宽阔、稳定、和谐的感觉，这类借助地平线的构图称为水平线构图。水平线构图是最基本的构图方法，对于初学者来说，拿起相机后通常的拍摄方式就是水平线构图，这种构图形式非常简单，只要掌握好了水平线，画面整体构图就很少出现重大失误。三分法构图等许多构图形式也可以看作水平线构图的复杂应用。

　　在拍摄风光作品时，地面与林木、地面与天空、水面与林木、水面与天空等景物组合的构图都可以使用水平线构图来实现。另外，建筑摄影构图中首要解决的问题就是建筑水平线要平，否则画面整体就会失去协调。

竖直线构图的画面有什么特点

　　与水平线构图相对，竖直线构图也是一种常见的构图形式，能够给欣赏者以坚定、向上、永恒的心理感受。竖直线构图应用的范围比水平线广泛一些，可以在风光、人像、微距等多种题材中使用。如果要使用竖直线构图，画面中最好不要出现过多的景物，特别是杂乱线条，否则会影响画面表现力。具体来看，拍摄树木、建筑物时竖直线构图比较常见，能够表现树木的挺拔、坚韧，表现建筑物的雄伟和气势。

　　由于人的视觉习惯是自左向右延伸，因此打破常规上下方向延展的竖直构图能够表现出很强的视觉压迫和冲击力。如果能够将景物拉近拍摄，则效果更佳。

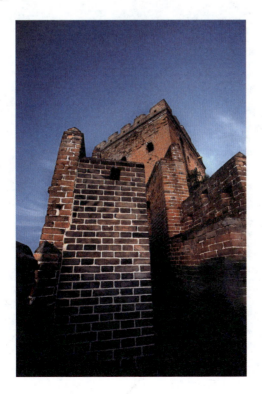

中心构图法

　　中心构图法是将拍摄主体放在取景的正中央进行拍摄。这种拍摄方法比较简单，优点在于将拍摄主体突出、明确，画面容易取得上下左右平衡的效果。

对角线构图有什么特点

对角线构图是指主体或重要景物沿画面对角线的方向排列，旨在表现出方向、动感、不稳定性或生命力等感觉。由于不同于常规的横平竖直，对角线构图对于观者来说视觉体验更加强烈。

在多种摄影题材中都可以见到对角线构图，例如，在风光题材中，对角线构图可以使主体表现出旺盛的生命力，人像题材中的对角线构图能够传达出人物动态的形象，花卉微距题材中的对角线构图可以赋予画面足够的活力。

如下图所示，原本简单的画面，采用对角线构图拍摄，使让画面充满了生机和活力。

三角形构图的形式

通常的三角形构图有两种形式：正三角构图与倒三角构图。

无论是正三角还是倒三角构图，均有两种解释：一种是利用构图画面中景物的三角形形状来进行命名的，是主体形态的一种自我展现；另一种是画面中多个主体按照三角形的形状分布，构成一个三角形的样式。

在拍摄山体时，山体具有的三角形就能传达出一种稳定、牢固的感觉。

正三角形构图与倒三角形构图的特点

　　无论是单个主体自身形态的三角形还是多个主体组合的三角形状，正三角形表现的都是一种安定、均衡、稳固的心理感受，并且多个主体组合的三角形构图还能传达出一定的故事情节，表达主体之间的情感或其他某种关系。倒三角形构图表现出的情感恰恰相反，传达的是一种不安定、不均衡、不稳定的心理感受。

S形构图的特点是什么

　　S形构图是指画面主体类似于英文字母中 S 的构图方式。S 形构图强调的是线条的力量，这种构图方式可以给欣赏者以优美、活力、延伸感和空间感等视觉体验。一般欣赏者的视线会随着 S 形线条的延伸而移动，逐渐延展到画面边缘，并随着画面透视特性的变化，使人产生一种空间广袤无垠的感觉。S 形构图多见于广角镜头的运用当中，此时拍摄视角较大，空间比较开阔，并且景物透视性能良好。

　　风光类题材是 S 形构图使用最多的场景，海岸线、山中曲折的小道等多用 S 形构图表现。在人像类题材中，如果人物主体摆出类似 S 形的造型，则会传达出一种时尚、美艳或动感的视觉体验。

框景构图的特点是什么

　　框景构图是指在进行取景时，将画面重点部位利用门框或其他框景框画出来，关键在于引导观者的注意力到框景内的对象。这种构图方式的优点是可以使观者产生跨过门框即进入画面现场的视觉感受。与明暗对比构图类似，使用框景构图时，要注意曝光程度的控制，因为很多时候边框的亮度往往要暗于框景内景物的亮度，并且明暗反差较大，这时就要注意框内景物的曝光过度与边框的曝光不足问题。通常的处理方式是着重表现框内的景物，使其曝光正常、自然，而框景会有一定程度的曝光不足，但保留少许细节，起修饰和过渡作用。

对称式构图有什么特点

　　对称式构图是指按照一定的对称中心线使画面中的景物具有左右对称或上下对称的结构。这种构图形式的关键是在取景时要将水平对称线或竖直对称线置于画面的中间。最为常见的对称式构图是景物与其水面的倒影，要获得较好的对称效果，就要使水岸线位于倒影与实际景物的中间，类似于水上景物与水面倒影的对称。还有一种对称的形式是景物自身形态的对称，如大部分建筑物、正面人像的面部等。注意，拍摄景物自身形态的对称时，要将主体放在画面的中央位置。

英文字母构图的特点

与 S 形构图类似，我们也可借助其他常见字母（如 Z、U、C、V 等）进行构图。这类构图不仅能带来活力与优美的视觉体验，还能传达出和谐、秩序、稳定等情感意象。字母构图的底层逻辑在于契合人们的视觉认知规律——由于人们对英文字母习以为常，视觉上已形成认知惯性，因此对字母形状的构图不会感到怪异，这种构图形式因巧妙贴合人们的视觉习惯而更易被接受。

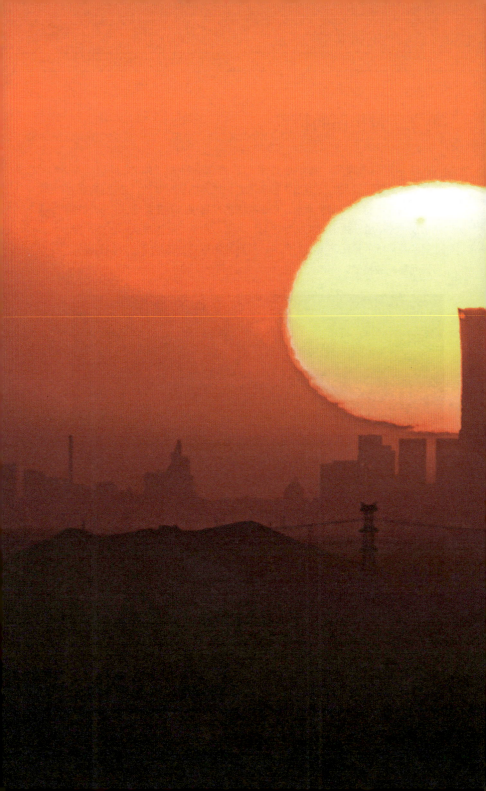

第 7 章
短视频的用光常识

光影是影像作品的灵魂所在，在掌握曝光技术的基础上，合理用光才能让短视频作品焕发出迷人的魅力，否则，短视频作品将陷入枯燥和乏味的困境。

直射光成像有什么特点

　　光线直接照射到拍摄对象时，会形成明显的明暗反差和投影，我们把这种光线称为直射光。在这种光线下，由于受光面与阴影面之间有一定的明暗反差，所以比较容易表现拍摄对象的立体特征，直射光线的造型效果比较硬，也有人将其称为硬光。

　　太阳光是比较典型的直射光，照射到拍摄对象上时，会产生较大的明暗反差，从而清晰地表现出拍摄对象的轮廓和外形。

散射光成像有什么特点

　　如果光源发出的大部分光线不能直接照射拍摄对象，这样在拍摄对象上就不会形成明显的受光面和阴影面，也没有明显的投影，光线效果比较平淡、柔和。这种光线称为散射光，也叫软光。

　　环境反射光大多也是散射光，如水面、墙面、地面等反射的光线。散射光的特征是光线均匀柔和，受光面和背光面过渡柔和，没有明显的投影，因此，对拍摄对象的形体、轮廓、起伏表现不够鲜明。这种光线柔和，宜减弱对象粗糙不平的质感，使其柔化。拍人像时，散射光可以将人物拍得更漂亮。

顺光拍摄有什么特点

对于顺光来说，其摄影操作比较简单，也比较容易拍摄成功，因为光线顺着镜头的方向照向被摄体，被摄体的受光面会成为所拍摄画面的内容，其阴影部分一般会被遮挡住，这样因为阴影面与受光面的亮度反差带来的拍摄难度就没有了。这种情况下，拍摄的曝光过程就比较容易控制，顺光所拍摄的画面中，被摄体表面的色彩和纹理都会呈现出来，但可能不够生动。如果光线照射强度很高，还会损失景物色彩和表面纹理的细节。

顺光摄影适合摄影新手练习用光，在拍摄纪录片及证件照时使用较多。

侧光拍摄有什么特点

　　侧光是指来自拍摄对象左右两侧，与镜头朝向呈 90°角左右的光线，这样拍摄对象的投影落在侧面，景物的明暗影调各占一半，影子修长而富有表现力，表面结构十分明显，每个细小的隆起处都产生明显的影子。采用侧光摄影，能比较突出地表现拍摄对象的立体感、表面质感和空间纵深感，可造成较强烈的造型效果。侧光在拍摄林木、雕像、建筑物表面、水纹、沙漠等各种表面结构粗糙的物体时，能够获得影调层次非常丰富的画面，空间效果强烈。

斜射光拍摄有什么特点

斜射光又分为前侧斜射光（斜顺光）和后侧斜射光（斜逆光）。整体来看，斜射光不仅适合表现拍摄对象的轮廓，更能通过拍摄对象呈现出来的阴影部分增加画面的明暗层次，这可以使得画面更具立体感。拍摄风光画面时，无论是大自然的花草树木，还是建筑物，由于拍摄对象的轮廓线之外就会有阴影的存在，所以，会给观者以立体的感受。

逆光拍摄有什么特点

　　逆光与顺光是完全相反的两类光线。逆光是指光源位于拍摄对象的后方，照射方向正对相机镜头。逆光下的环境明暗反差与顺光完全相反，受光部位也就是亮部位于主体的后方。

　　逆光场景的画面反差很大，因此，在逆光下很难拍到主体和背景都曝光准确的画面。利用逆光的这种性质，可以拍摄剪影的效果，使画面极具感召力和视觉冲击力。

　　拍摄剪影的技巧：拍摄时对准画面中的高光部位（亮部）进行测光，这样拍得的画面中高光部分曝光正常，而主体部分曝光不足，显示为黑色，黑色的边缘将主体轮廓很好地勾画出来，如同剪刀剪过一样。剪影是摄影中非常常见的一类拍摄方式。

顶光摄影有什么特点

　　顶光是指来自主体景物正上方的光线。顶光与镜头朝向成 90°左右的角度。晴朗天气里正午的太阳通常可以视为最常见的顶光光源，另外，通过人工布光也可以获得顶光光源。正常情况，顶光不适合拍摄人物，因为拍摄时人物的头顶、前额、鼻头很亮，而下眼睑、颧骨下面、鼻子下面完全处于阴影之中，这会造成一种反常奇特的形态。

　　拍摄人物时，一些反面角色或恐怖片中的人物可能会用到顶光来进行强化。正常情况下，如果用顶光拍摄人物，可能需要借助一些特殊道具，让人物在画面中显得好看一些。例如，可以使顶光下的人物戴着帽子，避免面部显得不自然。

半剪影的画面效果

　　逆光拍摄剪影画面，有时并不需要让逆光的主体全部黑掉，如果能使一部分主体保留一定的画面细节，反而会获得令人意想不到的效果。

　　如下图所示，主体艺术品呈现出未完全黑掉的半剪影效果，被照亮的主体边缘起到了很好的过渡作用，让画面的层次变得比较丰富，并有一定的艺术气息。

透光的魅力

　　逆光拍摄一些树叶、花瓣等较薄的景物时，经常会遇到一种非常漂亮的透光效果。逆光拍摄主体时，主体将光源几乎完全遮住，这样光线会穿过较薄的主体，进入相机镜头，最终得到一种主体晶莹剔透的透光效果。能够表现出透光效果的主体多自身材质较轻薄、密度较小，如树叶、花瓣、丝绢布料等。

　　利用透光手法表现主体时，有两种方式。一种是选择较暗的背景，这样可以使画面有较强的明暗反差，能够有效突出主体的地位，要拍摄这种效果，光源的位置选择非常重要，虽然为逆光拍摄，但光源不能位于背景部位，要与镜头和主体的连线侧开一定角度，否则就会照亮背景。

　　另一种透光效果是光源位于背景中，但由于主体的遮挡，使得光源强度降低，这样也能够表现出主体的透光效果，但此时画面呈现出高亮度低反差的效果，并且主体的感觉会被弱化。

迷人的丁达尔光

丁达尔光是指在景物边缘呈现出的光线效果，非常漂亮。这种光线效果主要是由环境中景物的明暗差别造成的。

（1）在遮光景物后方的背景中要有强烈的光源。

（2）遮光景物的边缘要有硬朗的线条，这样才能切割出明显的光痕。

（3）测光点不能选择亮度最高的位置，否则会使遮光景物呈现出剪影效果，边光效果就不明显了。如果遮光景物亮度过低，则需要在曝光时增加 1～2 挡的曝光补偿，但如果遮光景物亮度过高，则光痕效果也会消失。

如下图所示，因为树木的遮挡，整个场景是比较幽暗的，这时光线透过树木后就会产生明显的边缘光，这种扩散的边缘光使画面显得非常漂亮。

第 8 章

短视频的色彩基础

对于影视画面来说，色彩往往是观者直观感受到的信息，色彩能否准确表达成为重中之重。虽然色彩学更多是属于设计的范畴，但拍摄者应该掌握其基本的理论知识。

什么是色相

　　色彩的相貌即为色相，如洋红、深蓝、金黄等就是指不同的色相。色相是色彩的首要特征，是区分各种不同色彩的最准确的标准，事实上任何黑、白、灰以外的颜色都有色相的属性。不同色相的画面可以呈现出特定的情感或情绪，如红色往往对应的是热烈、喜庆的氛围，蓝色对应的是平静、理智或冷清的氛围。

　　拍摄短视频时，应根据所要表达的主题来选择合适的色相进行呈现。当然，也可以在后期调色时对短视频的色相进行调整，以便让画面的色相更符合创作主题。

什么是色彩明度

　　明度是指不同色彩之间或同一种色彩不同的明暗差别，即深浅差别。由色彩明度的定义来看，明度包括两个方面：一是指不同色彩之间的明暗不同，如在人的视觉效果上看，黄色就比蓝色的亮度高，即明度高；二是指同一种色彩不同的浓淡程度，如粉红、大红、深红，都是红，但后一种红比前一种红浓重，即明度低。比较常见的颜色中，黄色的明度最低，紫色最高，橙色和绿色、红色和蓝色的明度相近。

什么是色彩纯度

　　纯度是指某色彩中包含的这种标准色成分的多少。纯度高的颜色色感强，即色度强，因此，纯度又是色彩感觉强弱的标志。色彩的纯度是指色彩的鲜艳程度。

　　一般来说，高纯度的纯色比较艳丽，容易引起人的视觉兴奋，色彩的心理效应明显；中纯度色彩的物体会使人感觉丰满、柔和、沉静，能使人持久注视；低纯度基调的色彩容易使人产生联想。纯度对比过强时，容易使人有生硬、杂乱、刺激、炫目等感觉；纯度对比不足，则会给人粉、脏、灰、黑、闷、火、单调、软弱、含混等视觉感受。拍摄者可以根据拍摄环境的光线条件等调节色彩的纯度。

　　实际拍摄时，可以通过提高曝光值来实现加白（降低纯度，提高明度）或通过降低曝光值来实现加黑（降低纯度，降低明度），从而控制色彩纯度。

红色系有什么特点

红色系代表爱意、热烈、热情、力量、浪漫、警告、危险等情感信息，是一种非常强烈的色彩表现，容易引起人们的注意。在中国，红色通常是喜庆的象征，在传统婚礼、欢庆场合的摄影中较为常见，能够传达出热烈的感觉。日常生活中，红色还代表警告、禁止等意义，如交通中的红灯限行。摄影师作品中的红色会表达热烈或浪漫的效果，如人像红得热烈、花卉风景红得烂漫。

橙色系有什么特点

橙色是介于红色与黄色之间的混合色，又称为橘黄色或橘色。一天中早晚的环境是橙色、红色与黄色的混合色彩，通常能够传递出温暖、活力的感觉。橙色代表的典型意义有明亮、华丽、健康、活力、欢乐及极度危险。橙色的视觉穿透力仅次于红色，也属于非常醒目的颜色，因此橙色更侧重于是一种心理色彩。

因为与黄色相近，橙色经常会让人联想到金色的秋天，是一种收获、富足、快乐而幸福的颜色。

黄色系有什么特点

　　黄色系可传达出明快、简洁、活泼、温暖、健康与收获等情感，在一些文化中，黄色还代表着贵重与权势。黄色作为高亮度色调，在很多时候都能给人一种眼前一亮、豁然开朗的感觉。春季油菜花田的黄色是非常明快与轻松的，而秋季是黄色调更具代表意义的季节，象征着收获与成功的喜悦。

绿色系有什么特点

　　绿色系代表自然、和谐、安全、成长、青春与活力等情感。自然界除冬季外，春、夏、秋季中绿色最为常见，春季的淡绿代表成长与活力，夏季的绿色传达出浓郁的气息，秋季的黄绿色则象征着自然的过渡。绿色往往并不是单独呈现的色彩，与红色搭配会非常完美，与其他色调搭配使用时要注意画面的协调与美感。

青色系有什么特点

　　青色系是自然界中比较另类的一种颜色，正常的环境中一般很少有青色，多为人工合成的颜色，如一些墙体、装饰物被调和成青色。摄影中如果白平衡拿捏不准，相机容易将蓝色的天空错误地还原成绿色，也有一些摄影师故意错用白平衡，或者后期处理照片时故意将天空调为青色，给人一种青涩、自由的感觉。

蓝色系有什么特点

　　蓝色系代表专业、深邃、理智、宁静等情感。我们经常见到的计算机软件公司网页或 Logo 一般以蓝色调为主，表达出专业与理智的感觉。天空的深蓝又是深邃与宁静的代表，蓝色调的大海也会传达出深邃与宁静的感觉。在摄影中使用蓝色时，要注意白平衡的调整，否则照片中的蓝色会变得偏青。

黑色与白色有什么特点

　　白色并不是某种光谱的颜色，而是各种不同颜色光谱的混合。白色系能够表达人类多种不同的情感，如平等、平和、纯净、明亮、朴素、平淡等。在摄影学中，白色的使用比较敏感，多与其他色调搭配使用，并且能够搭配的色调非常多，例如，黑白搭配能够给人以非常强烈的视觉冲击力，蓝白搭配会传达出平和、宁静的情感……拍摄白色的对象时，要特别注意整体画面的曝光控制，因为白色部分区域很容易会因曝光过度而损失纹理细节。

　　与白色调相反，黑色调的对象是因为吸收了几乎所有的光线，而几乎不进行光线反射。黑色系传达出高贵、神秘、恐怖、死亡等情感。摄影中与黑色搭配最为常见的是白色，单纯的黑白搭配色可以减少画面中的杂色，对观者视觉体验的影响，将人们的注意力引导到作品的内涵方面，而且能够使画面的视觉冲击力更强。

相邻色有什么特点

色彩的关系除互补色外，如果两种颜色在色轮上的位置相近，如红色与黄色、黄色与绿色、绿色与蓝色等，这种彼此颜色的关系称为相邻色。相邻色的特点是颜色相差不大，区分不明显，摄影时取相邻色搭配，会给欣赏者以和谐、平稳的感觉。另外，使用相邻色搭配时要注意画面色彩层次的构造，因为相邻色有时看起来非常接近，如红色与橙色，搭配在一起经常让人无法分辨，这样获得的摄影作品往往会缺乏层次，看起来乏味。因此，使用相邻色搭配时，还应该注意主体与环境的搭配问题，可以通过环境来映衬主体，从而使得整个画面显得富有层次。

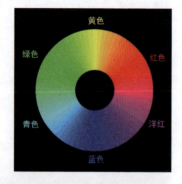

互补色有什么特点

　　色彩的互补是指从色轮上来看处于正对的两种颜色，两者相差 180° 左右，即在通过圆心的直径两端。例如，绿色的互补色是洋红、蓝色的互补色是黄色等。在摄影时采用互补色彩组合，会给观者以非常强烈的情感，视觉冲击力很强，色彩区别明显清晰。在运用互补色时，并不是说两种互补色要平均使用，相反，如果一种色彩的面积远大于其互补色面积时，画面的色彩对比效果更加强烈。

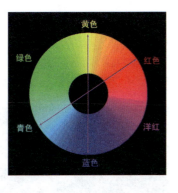

　　黑色与白色虽然在色轮上没有体现，但也代表了两种摄影色调，并且为互补的关系，这两种色调的摄影作品能够表现出极为强烈的对比关系，视觉冲击力较强。

暖色系有什么特点

　　不同的色彩除能够代表不同的情绪外，还能传达出冷暖的信息。有时人们看到某种色彩会有发冷的感觉，而另外一些色彩则给人温暖的感觉，这种区别就是色彩的冷暖效果。黄、橙、红色彩比较热烈、温馨，这些色彩称为暖色系。暖色系的色彩常见于喜庆、情感强烈的场景，人们日常生活中的庆典、聚会、仪式等多为暖色系搭配。在自然界的风光中，春季和秋季也是暖色系比较多的时节，春季各种颜色的花多是暖色系，秋季的黄、红枝叶，收获的果实，也多为暖色系。春秋两季是摄影师非常喜爱的季节，不仅因为空气通透，还因为色彩比较丰富。

冷色系有什么特点

在色轮上，青色、蓝色，以及绿色等色彩属于冷色系，与暖色系相对。冷色系会给人一种冷却、理智的视觉体验，自然界中冷色系的代表有植物的绿色枝叶、流水的白色水花、蓝天白云、天然的大理石及混凝土的建筑物等。摄影作品通过冷色系的色彩可以表现出自然、清晰、理智或纯净的情感。

第 9 章
认识各种视频镜头

镜头是影像创作领域至关重要的核心要素，影像作品的一切主题、情感、画面形式等都需要以优质镜头为创作基础。在镜头语言体系中，固定镜头与运动镜头的运用技法，是创作者必须掌握的专业知识与实操技巧。

运动镜头的概念与特点

运动镜头是指拍摄器材在运动中拍摄的镜头，也称为移动镜头。运动镜头主要通过改变拍摄器材的机位、镜头光轴或焦距来拍摄画面。

通过移动机位，运动镜头可以使观众感受到画面的动态变化，从而增强视觉冲击力。运动镜头可以跟随移动中的人物或物体，使观众能够持续关注主要元素，同时保持其在画面中的位置。运动镜头还可以在移动中展示更广阔的环境或场景，使观众能够更全面地了解环境布局和背景，并通过快速移动或缓慢移动来传达紧张、兴奋、悲伤等情感，从而增强影片的情感表达。运动镜头可以与音乐或对话相配合，创造出特定的节奏感，使影片更加引人入胜。

运动镜头可以在不同场景之间进行平滑过渡，使观众能够更自然地从一个场景转换到另一个场景。例如，电影《教父》中的一个运动镜头，老教父在去世时，通过一个摇动的镜头，暗示着一场剧变即将到来。

固定镜头的概念与特点

　　固定镜头是一种在拍摄过程中，机位、镜头光轴和焦距都保持固定不变的拍摄方式，而拍摄对象可以是静态的，也可以是动态的。固定镜头特别适合展现静态环境，如会场、庆典、事故等事件性新闻的场景。通过远景、全景等大景别的固定画面，可以清晰地交代事件发生的地点和环境，能够较为客观地记录和反映主体的运动速度和节奏变化。与运动镜头相比，固定镜头由于视点稳定，观众可以更容易地与一定的参照物进行对比，从而更准确地认识主体的运动速度和节奏变化。

　　然而，固定镜头也有其局限性，如视点单一、构图变化有限等。因此，在使用固定镜头时，需要充分考虑其特点，合理运用，以充分发挥其优势，避免其不足。从摄影技巧的角度来看，固定镜头的拍摄需要摄影师具备较高的构图能力和观察力。如下图所示，这里展示了一个固定镜头场景，视角固定，远处的车辆缓缓驶来。

起幅：运镜的起始

　　起幅是指运动镜头开始的场面，要求构图好一些，并且有适当的长度。一般情况下，有主体对象表演的场面应使观者能看清主体对象动作，无人物表演的场面应使观者能看清景色。起幅的具体长度可根据情节内容或创作意图而定。起幅之后，才是真正运动镜头的动作开始。

起幅画面 1　　　　　　　　起幅画面 2

落幅：运镜的结束

落幅是指运动镜头终结的画面，与起幅相对应。要求由运动镜头转为固定画面时能平稳、自然，尤其重要的是准确，即能恰到好处地在事先计划好的位置停稳画面。

有主要拍摄对象的场面中，不能过早或过晚地停稳画面，当画面停稳之后要有适当的长度使表演告一段落。

如果是运动镜头之间相连接，画面也可不用停稳，而是直接切换镜头。

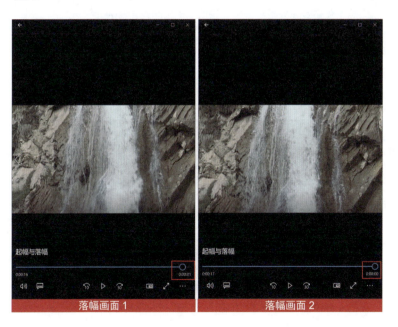

落幅画面 1　　　　　　　　　　落幅画面 2

181

推镜头：营造不同的画面氛围与节奏

推摄是摄像机向主体方向推进，或变动镜头焦距使画面框架由远而近向拍摄对象不断推进的拍摄方法。推镜头有以下画面特征。

（1）随着镜头的不断推进，由较大景别不断向较小景别变化，这种变化是一个连续的递进过程，最后固定在主体目标上。

（2）推进速度的快慢，要与画面的气氛、节奏相协调。推进速度缓慢，给人以抒情、安静、平和等气氛；推进速度快则表现紧张不安、愤慨、触目惊心等。

推镜头在实际应用当中要注意如下两个问题。

（1）在推动过程中，对焦位置应始终位于主体上，避免主体出现频繁的虚实变化。

（2）最好要有起幅与落幅，起幅用于呈现环境，落幅用于定格和强调主体。

推镜头画面 1　　　推镜头画面 2　　　推镜头画面 3

拉镜头：让观者恍然大悟

拉镜头正好与推镜头相反，是手机逐渐远离拍摄主体的拍摄，当然，也可通过变动焦距，使画面由近而远，与主体逐渐拉开距离的方式进行拍摄。

拉镜头可真实地向观众交代主体物所处的环境及与环境的关系。在镜头拉开前，环境是一个未知因素；镜头拉开后，可能会给观众以"原来如此"的感觉。拉镜头常用于侦探、喜剧类题材当中。

拉镜头常用于故事的结尾，随着主体目标渐渐远去、缩小，其周围空间不断扩大，画面逐渐扩展为广阔的原野、浩瀚的大海、莽莽的森林等，给人以"结束"的感受，赋予抒情性的结尾。

拉镜头，特别要注意的是提前观察大的环境信息，并预判镜头落幅的视角，避免最终视觉效果不够理想。

拉镜头画面 1

拉镜头画面 2

拉镜头画面 3

摇镜头：替代观者视线

摇镜头是指机位固定不动，通过改变镜头朝向来呈现场景中的不同对象，就如同某个人进屋后眼神依次扫过屋内的其他人员。实际上，摇镜头起到的作用，也在一定程度上代表了拍摄者的视线。

摇镜头多用于在狭窄或超开阔的环境内快速呈现周边环境。例如，人物进入房间内，眼睛扫过屋内的布局、家具陈列或人物；另一个场景是在拍摄群山、草原、沙漠、海洋等宽广的景物时，通过摇镜头快速呈现所有景物。

在摇镜头的使用中，一定要注意拍摄过程的稳定性，否则画面的晃动感会破坏镜头原有的效果。

摇镜头画面 1　　　摇镜头画面 2　　　摇镜头画面 3

移镜头：符合人眼视觉习惯的镜头

移镜头是指让拍摄者沿着一定的路线运动来完成拍摄。例如，汽车在行驶过程当中，车内的拍摄者手持手机对外拍摄，随着车的移动，视角也是不断改变的，这就是移镜头。

移动镜头是一种符合人眼视觉习惯的拍摄方法，让所有的主体都能平等地在画面中得到展示，还可以使静止的对象运动起来。

由于机位需要在运动中拍摄，所以，机位的稳定性是非常重要的。在影视作品的拍摄中，一般要使用滑轨辅助完成移镜头的拍摄，主要就是为了得到更好的稳定性。

使用移镜头时，建议多取一些前景，这些靠近机位的前景运动速度会显得更快，这样可以强调镜头的动感。

还可以让主体与机位进行反向移动，从而强调速度感。

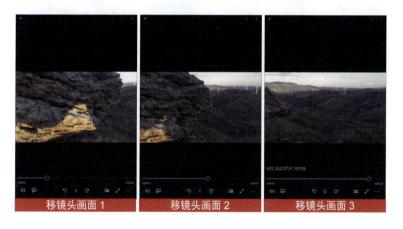

移镜头画面 1　　移镜头画面 2　　移镜头画面 3

跟镜头：增强现场感

　　跟镜头是指机位跟随主体运动，且与主体保持相对距离不变的拍摄。最终达到主体不变，但景物却不断变化的效果，仿佛就跟在主体后面，从而增强画面的临场感。

　　跟镜头具有很好的纪实意义，对人物、事件、场面的跟随记录会让画面显得非常真实，在纪录类题材的视频或短视频中较为常见。

跟镜头画面 1　　　　跟镜头画面 2　　　　跟镜头画面 3

升降镜头：营造戏剧性效果

　　机位在面对拍摄对象时，按上下方向的运动所进行的拍摄，称为升降镜头。这种镜头可以实现以多个视点表现主体或场景。

　　升降镜头在速度和节奏方面的合理运用，可以让画面呈现出一些戏剧性效果，或是强调主体的某些特质，例如，可能会让人感觉主体特别高大等。

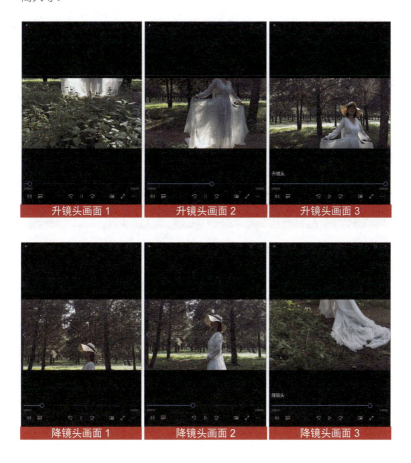

升镜头画面 1　　升镜头画面 2　　升镜头画面 3

降镜头画面 1　　降镜头画面 2　　降镜头画面 3

跟镜头与升镜头

之前讲过，以较低视角来跟踪拍摄，画面效果更理想一些。如果在跟镜头的同时，缓慢地将镜头升到人眼的高度，可以以主观镜头的方式呈现出人眼所看到的效果，给观者一种与画面当中人物相同视角的心理暗示，增强画面的临场感。

如下图所示的画面，开始是跟镜头，镜头位于人物的后方；在跟镜头的过程中，镜头不断升高，达到人眼的大致高度，之后结束升镜头，继续进行跟镜头拍摄，这样就可以将人物所看到的画面与观者所看到的画面重合起来，增强现场感。

跟镜头画面

跟镜头的同时进行升镜头 1

跟镜头的同时进行升镜头 2

升镜头到位后继续跟镜头拍摄

推镜头、转镜头与拉镜头

推镜头、转镜头与拉镜头组合运镜在航拍当中往往被称为甩尾运镜。其实非常简单，确定目标对象之后，由远及近推进，先是推镜头到达足够近的位置，之后进行转镜头操作，将镜头转一个角度之后迅速拉远，这样一推一转一拉，从而形成一个甩尾的动作，整个组合运镜下来，画面效果显得具有动感，非常炫。

这里要注意的是，在中间位置转镜头，镜头的转动速率要均匀一些，不要忽快忽慢；距离目标对象的距离也不要忽远忽近，否则画面就会显得不够流畅。

跟镜头、转镜头与推镜头

先是跟镜头，然后转镜头，最后推镜头，这种运镜方式可以呈现出目标对象非常多的角度，包括正面、侧面、背面等，最终定位到人眼所看到的画面，即以一个非常主观的镜头结束，由人物带领观者观看他眼前的画面，给人更好的现场感。

如下图所示，拍摄者不断后退，相对于人物来说，是一种跟镜头的拍摄；待人物扶住栏杆之后，拍摄者适当后退，然后转动镜头角度，面对人物所看到的方向，推镜头拍摄，将镜头沿着人物的视线方向推进，最终定位到人物所看到的场景，从而让人感同身受。

跟镜头画面 1

跟镜头画面 2

转镜头画面

推镜头画面

什么是剪辑点

剪辑点指的是适合在两个镜头或片段之间转换的点，包括声音或画面的转换。在影视制作中，剪辑点的选择对于镜头切换的流畅性和自然性至关重要。

剪辑点可以分为两大类：画面剪辑点和声音剪辑点。其中，画面剪辑点又可以细分为动作剪辑点、情绪剪辑点和节奏剪辑点。

画面剪辑点主要关注主体动作的连贯性。在选择画面剪辑点时，剪辑师会注重镜头外部动作的流畅转换，使得不同镜头之间的画面能够自然衔接，增强观众的观看体验。

声音剪辑点则包括对白、音乐、音响效果等元素的剪辑点。这些声音元素在影视作品中同样扮演着重要的角色，它们的剪辑点选择也需要仔细考虑，以保证声音与画面的协调性和整体观感的和谐性。

如下图所示，画面显示的是一个炒菜的场景，前一个镜头以翻炒结束，后一个镜头以盛菜开始，那么翻炒和盛菜的这两个瞬间就可以作为剪辑点，最终让两个镜头非常流畅地衔接起来。

长镜头与短镜头

　　视频剪辑领域的长镜头与短镜头，并不是指镜头焦距长短，也不是指摄影器材与主体的距离远近，而是指单一镜头的持续时间。一般来说，单一镜头持续超过 10s，可以认为是长镜头，不足 10s 则称为短镜头。

　　长镜头和短镜头在叙事节奏和气氛营造上有不同的作用。长镜头通过其连贯性和深度，能够营造一种沉静、稳定的气氛，使观众有充分的时间去品味和思考。短镜头则因为其快速切换和冲击力，能够迅速吸引观众的注意力，营造一种快节奏、紧张的气氛。

　　在视频制作中，长镜头和短镜头的选择和运用需要根据具体的剧情、氛围和效果需求来决定。它们各有其特点和优势，通过合理的运用和组合，可以创造出丰富的视觉体验和情感共鸣。

　　如下图所示这段短视频中，最后一个片段是长镜头，前面的几个镜头是短镜头。

固定长镜头

固定长镜头是指在较长的时间内，保持固定机位和焦距设置，持续对同一主体或场景进行拍摄的视频镜头。这是电影、纪录片或视频制作中一种常见的拍摄技巧。这种拍摄方式可以带来多种艺术效果和观看体验。

借助固定长镜头，可以给观者一种静态、持续的观察感，并且客观地展示主体，不受摄影师主观视角的影响，使观众能够更加真实地感受到主体的变化，让观者的注意力更容易集中在主体上，从而更好地理解和感受主题。

固定长镜头可以创造出一种静态的美感，使画面更加和谐、平衡。

景深长镜头

　　用拍摄大景深的参数拍摄，使所拍场景远景的景物（从前景到后景）非常清晰，并进行持续拍摄的长镜头称为景深长镜头。由于景深长镜头通常近景与远景同样清晰，因此，可以让观众看到现实空间的全貌和事物的实际联系，从而表达出更为丰富的信息量。

　　景深长镜头能够以一个单独的镜头表现完整的动作和事件，其含义是不依赖它与前后镜头的连接就能独立存在。

　　景深长镜头强调时间上的连续性、画面空间的清晰度，因此，这种视频画面一般具有较强的空间感和立体感，并且可以形成几个平面互相衬映、互相对比的复杂空间结构。

　　例如，拍摄一个人物从远处走近，或是由近走远，用景深长镜头，可以让远景、全景、中景、近景、特写等都非常清晰。一个景深长镜头实际上相当于一组远景、全景、中景、近景、特写镜头组合起来所表现的内容。

运动长镜头

用推、拉、摇、移、跟等运动镜头的拍摄方式呈现的长镜头，称为运动长镜头。一个运动长镜头可将不同景别、不同角度的画面收在一个镜头当中。

运动长镜头是指使用长焦距镜头拍摄运动中的景物，如追逐、比赛等场景。这种拍摄方式可以捕捉到运动中的细节和变化，同时也可以突出主体。在视频制作中，运动长镜头常用于拍摄动作场景，如追车、追人等，可以让观众更加真实地感受到场景的紧张和刺激。

运动长镜头需要使用推、拉、摇、移、跟等运动拍摄的方法，形成多景别、多拍摄角度（方位、高度）变化的长镜头。这种拍摄方式需要摄影师具备较高的技术水平和拍摄经验，以确保画面的稳定性和流畅性。

第 10 章

常见的镜头组接方式

镜头组接是指镜头连接与组合的技巧,是短视频制作中的关键环节。镜头组接不仅是短视频叙事和情感表达的基础,也是提升短视频艺术表现力和观众体验的关键手段。

空镜头的使用技巧

　　空镜头又称"景物镜头"，是指不出现人物（主要指与剧情有关的人物）的镜头。空镜头有写景与写物之分，前者称为风景镜头，往往用全景或远景表现；后者又称"细节描写"，一般采用近景或特写。

　　空镜头常用于介绍环境背景、交代时间与空间信息、酝酿情绪氛围、过渡转场。

　　我们拍摄一般的短视频，空镜头大多用来进行衔接人物镜头，实现特定的转场效果或交代环境等信息。下图显示的是前后两个人物镜头中间以一个空镜头进行衔接和转场。

镜头的前进式组接

　　大多数短视频都不止一个镜头，而是由多个镜头组接起来的综合效果。多个镜头进行组接时，要注意特定的一些规律。常见的镜头组接方式有前进式组接、后退式组接、环形组接、两级镜头组接等。通过这些特定的组接规律来组接镜头，才能使最终剪辑而成的短视频更自然、流畅，整体性更好，如同一篇行云流水的文章。

　　前进式组接是指景别的过渡景物由远景、全景向近景、特写过渡，这样景别变化幅度适中，不会给人跳跃的感觉。这种组接方式通常用于表现由低沉到高昂向上的情绪和剧情发展。通过循序渐进地变换不同视觉距离的镜头，可以形成顺畅的连接，使观众能够自然地融入剧情，感受到情感的变化。

　　在拍摄过程中，为了实现前进式组接，需要精心选择拍摄角度和景别，确保镜头之间的过渡自然流畅。后期剪辑时，需要巧妙地运用剪辑技巧，使各个镜头能够有机地组合在一起，形成完整的叙述结构。

镜头的后退式组接

后退式组接方式与前进式正好相反，是指景别由特写、近景逐渐向全景、远景过渡，最终视频可以呈现出细节到场景全貌的变化。

后退式组接的镜头画面，随着镜头的逐渐远离，观者的感觉也会从紧张、细致逐渐过渡到放松、宽广。这种情感的变化可以很好地配合剧情的发展，增强观者的观影体验。

需要注意的是，后退式组接并不是万能的，它的使用应该根据具体的剧情和视觉效果的需要来决定。在剪辑过程中，还需要考虑镜头的长度、节奏、音效等因素，以达到最佳的观影效果。

两极镜头组接

　　所谓两极镜头，是指镜头组接时由远景接特写或是由特写接远景，跳跃性非常大。让观者有较大的视觉落差，形成视觉冲击，一般在影片开头和结尾时使用，也可用于段落开头和结尾。两极镜头不可用作叙事镜头，容易造成叙事不连贯性的后果。

用空镜头等过渡固定镜头组接

视频剪辑当中，固定镜头应尽量与运动镜头搭配使用，如果使用了太多的固定镜头，容易造成零碎感，不如运动画面，它可以比较完整、真实地记录和再现生活原貌。

并不是说固定镜头之间就不能组接，在一些特定的场景当中，固定镜头接固定镜头的情况也是有的。例如，我们看电视新闻节目，不同主持人播报新闻时，中间可能是没有穿插运动镜头的，而是直接进行组接。

表现同一场景、同一主体，画面各种元素又变化不是太大的情况下，还必须进行固定镜头的组接，怎么办呢？其实也有解决办法，那就是在不同固定镜头中间用空镜头、字幕等进行过渡，这样组接后的视频就不再会有强烈的堆砌与混乱感。

主观视点镜头组接

　　主观视点镜头组接是指基于人物主观视点的镜头之间的组接。具体来说，是指从剧中人物的视角出发来描述场景、叙述故事，也称为主观镜头。这种技巧通过模拟剧中人物的视觉体验，将观众带入到剧中人物的内心世界，增强观众的参与感和沉浸感。

　　主观视点镜头组接也可以用于表现人物之间的交流和互动。例如，在对话场景中，可以通过切换不同角色的主观视点镜头来展示他们之间的情感交流和互动，从而增强故事的感染力和表现力。

　　如下图所示，通过人物的视角呈现出她的家庭正在发生的惨剧。

同样内容的固定镜头组接

　　表现某些特定风光场景时，不同固定镜头呈现的可能是这个场景不同的天气情况，有流云、有星空、有明月、有风雪，这时进行固定镜头的组接就会非常有意思。但要注意的是，对这种同一个场景不同气象、时间等的固定镜头进行组接，不同镜头的长短最好相近，否则，组接后的画面就会产生混乱感。

　　下图显示的是颐和园的同一个场景，同样是固定镜头，但体现出了不同的时间和天气信息。

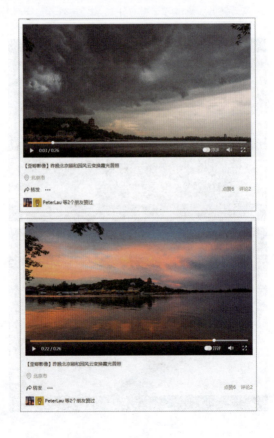

运动镜头组接时的起幅与落幅

　　从镜头组接的角度来说，运动镜头组接是非常复杂和难以掌握的一种技能，特别考验影视剪辑人员的功底与创作意识。运动镜头之间的组接，要根据所拍摄主体、运动镜头的类型来判断是否要保留起幅与落幅。

　　例如，在拍摄婚礼等庆典场面的视频时，如果对不同主体人物、不同的人物动作镜头进行组接，那么镜头组接处的起幅与落幅就要剪掉；而对于一些表演性质的场景，对于不同表演者都要进行强调，即便是不同主体人物，组接处的起幅与落幅也可能要保留。之所以说是可能要去掉，是因为有时要追求紧凑、快节奏的视频效果，也可能需要剪掉组接处的起幅与落幅。

　　运动镜头之间的组接，要根据视频想要呈现的效果来进行判断，是比较难掌握的。例如，案例中展示类的短视频，最好有起幅和落幅，这样画面给人的感觉会好很多。

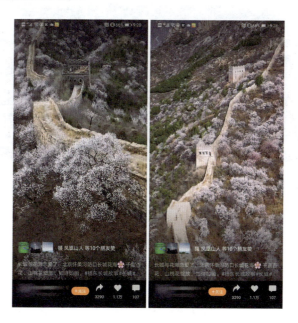

固定镜头和运动镜头组接时的起幅与落幅

大多数情况下，固定镜头与运动镜头组接，需要在组接处保留起幅或落幅。如果是固定镜头在前，那么运动镜头起始最好要有起幅；如果运动镜头在前，那么组接处要有落幅，避免组接后画面显得跳跃性太大，令人感到不适。

上述介绍的是一般规律，在实际应用当中，可以不必严格遵守这种规律，只要不是大量固定镜头堆积，再在中间穿插一些运动镜头，就可以让视频整体效果流畅起来。

下面这个短视频表现的是长城的美景，开始是一个固定镜头，后接了两个运动镜头。

轴线与越轴

　　轴线组接的概念及使用都很简单，但又非常重要，一旦出现违背轴线组接规律的问题，视频就会出现不连贯的问题，让人感觉非常跳跃，不够自然。

　　所谓轴线，是指主体运动的线路，或是对话人物之间连线所在的轴线。

　　看电视剧时，如果观察够仔细，就会发现，尽管有多个机位，但总是在对话人物的一侧进行拍摄，都是在人物的左手侧或是右手侧。如果是同一个场景，有的机位在人物左侧，有的机位在人物右侧，那么这两个机位镜头就不能组接在一起，否则就称为"越轴"或"跳轴"。这种画面，除特殊的需要以外是不能组接的。下图展示的是一个对话场景，可以看到机位始终位于两人的同一侧。

第 11 章
短视频的分镜头
脚本与故事画板

在影视工业体系中，电影、微电影及综艺节目通常会采用分镜头脚本与故事画板作为创作蓝图。但部分短视频创作者因缺乏相关知识储备或嫌流程烦琐，常常忽略分镜设计环节，这一创作习惯实则会影响内容的叙事流畅性与视觉表现力。本章将介绍短视频创作中重要但容易被忽视的分镜头脚本设计技法，以及故事画板的基础应用知识。

正确理解分镜头脚本

　　分镜头脚本又称摄制工作台本、导演剧本，是将文字转换成立体视听形象的中间媒介。分镜头脚本的主要任务是根据解说词和电视文学脚本来设计相应画面，配置音乐、音响，把握片子的节奏、风格等。

　　分镜头脚本是创作影视剧必不可少的前期准备，也是将文字转换成立体视听形象的中间媒介。对于短视频创作来说，如果提前设计好分镜头脚本，就可以提高拍摄效率，提高所拍摄短视频素材的质量。

　　分镜头脚本是以镜头为单位，对视听内容进行描述的脚本。完整的脚本中规定了每个镜头的景别、运动方式、时间长度、场景和场景之间的转换方式、镜头和镜头的组接方式，还对解说词、音乐、音响进行了设计。需要注意的是，有些短视频分镜头脚本的内容比较简练，只包含了主要的景别、画面内容、背景音乐等信息。

分镜头脚本的重要性

分镜头脚本在影视创作中具有非常重要的地位。它是影片创作过程中必不可少的前期准备，其作用就像建筑大厦的蓝图一样，是摄影师进行拍摄、剪辑师进行后期制作的基础，也是演员和所有创作人员领会导演意图、理解剧本内容、进行再创作的依据。

（1）前期拍摄的脚本：分镜头脚本为摄影师提供了明确的拍摄指导，包括每个镜头的拍摄角度、景别、拍摄方法、镜头时长等信息。这有助于摄影师准确理解导演的意图，并按照要求进行拍摄。

（2）后期制作的依据：分镜头脚本也是后期制作的重要依据。剪辑师可以根据分镜头脚本中的指示，将各个镜头进行剪辑和组合，形成连贯的影片。同时，音效师和配乐师也可以根据分镜头脚本中的要求，为影片添加合适的音效和音乐。

（3）长度和经费预算的参考：分镜头脚本中详细列出了每个镜头的拍摄内容和要求，这有助于制片人对影片长度和经费进行预算。制片人可以根据分镜头脚本中的信息，合理安排拍摄进度和预算分配，确保影片的顺利制作。

此外，分镜头脚本还是各工种之间协调合作的指导书。它明确了各个创作人员的职责和任务，有助于各工种之间的协作和沟通。通过分镜头脚本，各个创作人员可以更好地理解彼此的工作内容和要求，从而实现高效的影视创作。

怎样设计分镜头

下面介绍进行分镜头脚本设计的一些技巧。

（1）想好视频的起始、高潮与结束三个阶段，从头到尾按顺序列出总的镜头数。然后考虑哪些地方该细、哪些地方可简单一些、总体节奏把握的如何、结构的安排是否合理、是否要给予必要的调整。

（2）根据拍摄场景和内容定好次序后，按顺序列出每个镜头的镜号。

（3）确定每个镜头的景别：景别的选择对于视频效果有很重要的影响，并能改变视频的节奏、景物的空间关系和人们认识事物的规律。

（4）规定每个镜头的运镜方式和镜头间的转换方式。

（5）估计镜头的长度。镜头的长度取决于阐述内容和观者领会镜头内容所需要的时间。同时，还要考虑到情绪的延续、转换或停顿所需要的长度（以秒为单位进行估算）。

（6）完成大部分视频的构思，搭成基本框架；然后确定次要的内容和考虑转场的方法；这个过程中，可能需要补一些镜头片段，最终让整个脚本完整起来；最后形成一个完整的分镜头剧本。

（7）要充分考虑到字幕、声音的作用，以及这两者与画面的对应关系，例如，BGM、独白、文字信息等都要进行设计。

认识故事画板

　　故事画板起源于动画行业，后延伸到电影、微电影行业，其作用是安排剧情中的重要镜头，相当于一个可视化的剧本，而非简单的分镜头。

　　对于一部电影或微电影来说，故事画板是必不可少的。导演在拍摄一组镜头前，一般都会预先画出镜头，以速写为主。导演在故事画板上把分镜头以速写画的形式表现出来，这就是人们常说的分镜头分析。

　　故事画板展示了各个镜头之间的关系，以及它们是如何串联起来的，给观者一个完整的体验。

短视频故事画板

可能很多短视频创作者对于故事画板不太了解，因为他们没有系统的视频创作知识和经验。但要说明的是，要制作系列的短视频，在抖音等平台进行系统的创作并盈利，需要创作者进行故事画板的学习和训练。

这与任何一个项目在启动之前都要有策划案是一个道理，要想项目运行顺畅并完美收官，富有创意、亮点，并具有高度可行性的策划案是必不可少的。在拍摄前期，如果这个短视频的故事画板越详细，那么后续的创作过程也会越顺利，并且不会出现大的疏漏。

下图为业余人士的故事画板示意图，重点在于将分镜头、画面大致效果提前构思出来，没必要追求画面的精美度。

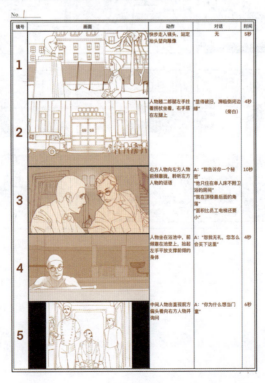

分镜头与故事画板的区别

可能很多初学者会误认为分镜头与故事画板是一回事，实际上两者有相似之处，并且在一些特定场合中也会混用，但两者是存在一定区别的。

例如，我们要拍一段由多个镜头组成的短视频，一种比较合理的操作方式如下：有一个脚本，创作者根据脚本先进行分镜头脚本的创作；然后由美术指导或平面设计人员根据分镜头脚本，用画稿或真实照片的形式创作一套与成片的镜头一致、景别一致、角度一致、节奏一致的，形象化、视觉化的绘本，这个绘本便是故事画板。在每个画格的画框底下都会有与画面对应的视听语言的说明和描述，以及语言和旁白的文字。

故事画板的画面要求是勾勒出本镜头的大量元素，包括形象造型、场景造型、景别、影调、色彩，以及运动镜头的起幅画面和落幅画面各一格。